U0003002

巷弄經濟學

모종린
牟鍾璘 ——著　曾晏詩——譯

골목길 자본론
사람과 돈이 모이는 도시는 어떻게 디자인되는가

各方推薦

　　如果說主街是體現都市計畫下盼望創造的場所精神，那隱沒在後的街區巷弄，就是為了體現區域個性及在地魅力而來的設計，透過這本書，讓我們再度意識到這樣配置的微妙。

　　　　　　　　——林承毅　林事務所執行長、政治大學兼任講師

　　牆角長出的植物總是強韌而巨大，因為角落裡有陰影也有陽光，創意性與競爭力讓城市的未來在巷弄裡滋長，如同夢想的藍圖總在地方。

　　　　　　　　——游智維　風尚旅行／蚯蚓文化總經理

　　獨立職人、創意工作者為主的「巷弄經濟」是依託、點綴在國際大都會、現代化、商業氣息濃厚的邊緣；由出租人和承租人為共同防止縉紳化的「巷弄共同體」。

　　　　　　　　——溫肇東　創河塾塾長、政大科智所兼任教授

　　從巷弄經濟窺看當代創意群聚的人本有機勢力，十分樂見藝術匠人在「有感」的城市體驗中扮演關鍵角色！

　　　　　　　　——蕭麗虹　竹圍工作室創辦人

推薦序
巷弄經濟的幾件重要事

台北市政府產業發展局局長　林崇傑

　　巷弄生活是台灣都市空間的尋常生活型態，巷弄空間也是此地都市空間的基本結構，生活在台灣都市裡的人們，其實已經非常習慣於住商混合之下的巷弄商圈樣貌。在本書裡特別以巷弄商圈為主題，用以描繪建構對巷弄經濟的闡述。事實上作者從韓國的巷弄商圈，旁徵博引美日城市的案例佐證，其所謂的巷弄商圈已經包含了我們習慣認知中的巷弄、商圈、特色街區、文創園區……概括言之更像是一個具有特色魅力的創意聚落。無論如何，作者所揭示的巷弄商圈對此地的讀者而言並不陌生，以台北為例：康青龍、溫羅汀、大稻埕迪化街、信義商圈、東區（忠孝東路四段）、天母、中山雙連、師大路、赤峰街……都與作者描述的巷弄商圈類同，這本書作為台灣思考商圈再造、與地方創生都有其類比的參考價值。

　　從巷弄經濟的角度探討巷弄商圈的發展，並將巷弄商圈的特質歸結於城市風格的形塑，相較於由大型賣場構成的都市商圈型態，作者特別對比指出了巷弄商圈感性消費、小奢侈、文化體驗的特質，這是一種巷弄文化的風格，也是巷弄文化最具

吸引人的魅力所在。他也將此種極具城市魅力的巷弄商圈所形構的巷弄經濟，連結於商圈興衰的討論。一個基礎於亞洲傳統巷弄空間格局的城市商圈，當其面對大型賣場的規模傾壓與虛擬網路電商的滲透競爭，具有特色且能吸引人潮流連的巷弄經濟模式，的確可以是商圈振興的一帖良藥。如何運用巷弄商圈的結構特質與發展模式，建立一個良好的地方商業生態系統，這是作者反覆提醒的重點。

　　當然，在巷弄商圈發展的過程中，不免有城市縉紳化的問題產生。作者在此特別將縉紳化區分為二種不同階段的型態。一個是衰敗商圈的活化再生所產生的縉紳化，他認為這是一種必要的發展，它能帶來地區的活化與創意人才的群聚。他也提到另一種因為巷弄商圈的快速發展，可能帶來了連鎖反應的負面效果，這也是我們一般所討論的縉紳化，台北師大路的衍替變遷其實即可作為一個對照的實證案例。為了因應縉紳化可能帶來的負面效應，作者也建議了如何訂定一個由社區、商圈各個權利關係人共同擬具的自助協定，自我約制並形成商圈共識，尋求建立一個均衡的商圈生態系以達到衡平的發展。

　　巷弄產業的諸多共同形塑者，包含了在此開店營運的各類店主、折衝運營的仲介者、商圈的企劃者、原有的地主及住民、被吸引來此的消費者與當地產業的需求者，共同構成一個複雜的產業生態系統，作者在此特別提出了巷弄商圈裡具有舉

足輕重、帶動商圈的關鍵關係人。第一個是具有遠見、懷抱企
圖心的企業主、或是深植於地元的在地企業。他認為這種企業
能夠扮演一個引領風向或是錨定地方資源發展的旗艦角色。其
次是書店或是具有特色的獨立店面，能創造一種風潮或是形塑
一種風格，帶領商圈逐漸轉型蛻變。另外作者提到了大學在
商圈（地方）可以扮演的知識提供、人才支持與文化創造的
價值。簡單的說，作者認為這些存在於巷弄商圈的特定關鍵因
子，才是巷弄商圈蘊育發展的價值所在，也是巷弄凝聚力的根
本來源。

　　作者另外指出了巷弄經濟存續的一個基盤要素，就是匠
人文化。只有工作、生活、運營於此地的職人們，孜孜不懈、
戮力以赴的執著於其經營產業的品質堅持與創新發展，整個巷
弄商圈的魅力才得以蘊養，整個地區的城市風格才得以形成。
所以他特別提出了匠人共同體的概念，但是這個匠人精神與匠
人社會的形成，卻仍需要職人教育的養成與社會參與的持續營
造。不論是堅持執著的匠人素養培育，或是勇於創新發展的世
代支持，都需要一個具遠見且長期全面的培育機制來支撐，這
是一種社會的基盤建設，也是政府應有的公共投資作為。在此
他也指出了政府面對巷弄城市所應扮演的角色，乃是從事於重
要的公共投資，給予巷弄商圈的必要支持，但絕非是傳統的稅
賦手段或是獎勵措施，而是如何針對巷弄的經濟發展，建立有

效的支持體系，讓機制得以衡平的發展才是政府應為之事。

　　巷弄空間作為台灣都會城市一種均質的普遍存在，加上住商混合的都市生活模式，巷弄經濟是我們必須真實面對的根本現實。在此地我們看到了台北師大路地區地方爭議角力多年仍然無解的僵持；也見識到中山雙連地區源於個性商店的崛起，帶來了巷弄商圈的興盛，與隨之而來房租高漲引動的個性小店出走；又如赤峰街地區在許多個性店面佈點巷弄之際，新來店家與原有住民逐漸緊張的關係。僅台北一地巷弄商圈的興衰循環即如是迭起循生，巷弄商圈的發展仍是一個令我們嘆足的課題，如何面對每一個不同的巷弄商圈並提出有效的對應策略，是我們仍需深究的學問。這本《巷弄經濟學》為我們提示了許多巷弄經濟應該注意的事項，我們期待在此地可以激盪出一些具有創意的火花，讓我們對商圈振興與地方創生的工作，能有更多美好面向的拓展。

目次

前言

巷弄的未來，答案在經濟學

#1

　　整齊劃一的韓國都市文化開始出現改變的徵兆。迷人的商店、咖啡廳和餐廳入駐樸素的巷弄，喜歡具專業性、有個性又獨特事物的人開始湧入這些巷弄，在此玩樂、大啖美食、享受其中，和過去習慣在大賣場、百貨公司、暢貨中心等大型量販店購物的上一代截然不同。

　　巷弄商圈於一九九〇年代中期從弘大開始發展，到了二〇〇〇年代中期快速成長，拓展到延南洞、延禧洞、付岩洞、聖水洞等地區，光是首爾市內就發展出二十至三十個地區。最近像全州韓屋村、釜山甘川洞文化村、海雲台迎月嶺或大邱金光石街等，也是相當吸睛的地方都市巷弄商圈。

#2

　　巷弄文化和獨立文化在弘大附近一帶開始萌芽，二〇〇〇年代後期起，新創公司開始往這裡聚攏。從在 Rocket Punch [1] 登記的新創公司數量來看，扎根於弘大的新創公司便增加到了兩

百多個。弘大、江南德黑蘭谷（Teheran Valley）和九老的 G
谷（G-Valley）[2]，三者可說是首爾的三大創業中心。

　　弘大孵化了以藝術和文化為基礎的新創公司，在此
工作、生活的弘大年輕人生活風格被稱作「市區生活風
格」（downtown lifestyle），雖然這個族群的人不多，但是這群
「市區咖」（downtowner）主導的未來都市文化潮流正在成形。

#3

　　最近矽谷（Silicon Valley）的中心從田園風格的帕洛阿圖
市（Palo Alto）移到了舊金山市中心，因為年輕人才想在都
市生活、工作、玩樂。他們可以在市場南（SoMa）或多帕奇
區（Dogpatch）等地區的新創公司工作，在市中心走路或騎腳
踏車，盡情享受健康（wellbeing）、波希米亞、文青、環保、
有機蔬果、獨立製作（indie）、復古、素食主義等都市文化。

　　這裡的企業也與時俱進，跟上變化的腳步。矽谷的企業基
本上會提供通勤公車，然而 Pinterest 等部分企業則將總公司從
矽谷搬到了舊金山，Uber、Twiter、Airbnb、Dropbox 等企業則
是一開始便扎根於此。這些企業所創造的成功，也帶動了舊金
山市中心，使其成為新的創投中心。

---

1. 韓國新創公司的聯絡網。
2. 正式名稱為「首爾電子產業園區」。

　　這三個場景乍看之下毫無關聯，但仔細觀察後，不難發現巷弄都市為何會發展成創意城市（the creative city）。巷弄豐富多姿的都市的意義不僅止於讓人感受昔日風情，使人沉浸在懷舊情懷。能夠提供多元的都市文化，也是吸引富有創意力的青年才俊和他們勇於挑戰的創意產業進駐都市的動力。那麼我們應該將創造都市經濟的多元公共財的巷弄，理解為一種資本。巷弄是記錄人們的記憶、回憶、歷史、感性，創造人與人之間的信賴、紐帶、連結和文化的社會資本。

　　過去都更和造鎮都是為了發展工業都市，現在應該要以都市再生和巷弄產業政策為基礎，支援創意城市的發展。

　　為了減少錯誤嘗試，我們可以把以巷弄為基礎發展產業生態的弘大當作原型，但問題在於執行的方法。傳統的都市會活用建築、設計或文化企劃事業等來推動再生事業，表面上或許能發展出類似的型態，但卻難以複製弘大這個原型的原動力，也就是「都市文化」。

　　「弘大文化」並非自然形成，而是由一群充滿個性又富有創意的小商工人（small business）[3] 所創造，形成有利於巷弄文化的物理環境。

　　如果想知道弘大文化再生是什麼，就必須從分析文化商品

---

3. 指韓國小企業當中規模又特別小者，正職員工未滿五人的企業。

的供需、文化產業結構和組織的經濟學裡找答案。

巷弄需要經濟學的理由

　　熱門的巷弄文化是如何誕生且永續經營的呢？美國都市評論家珍・雅各（Jane Jacobs）認為巷弄是社區文化和小商工人產業發展的重要原因。巷弄混合了住商活動，短短的街道密集相連，新舊建築融合並立，讓多元族群聚集在一起，她認為這就是巷弄文化的原動力。她還強調各領域中讓巷弄商圈充滿活力的條件有，建築學的空間設計、文化社會學的藝術家和文化藝術設施，以及流通經濟學的可及性、背後人口[4]和租金。

　　但並非只要具備空間設計、可及性、文化基礎設施或租金等物理條件，就能創造巷弄文化，還必須聚集具備創意和個性的小商工人。實際上，都市研究卻經常忽略創造巷弄文化的「小商工人」，和打造巷弄文化生態界的地區活動者。這也是為什麼筆者欲藉由經濟學的力量，從教育、訓練、就業以至創業，來說明創意人才入駐巷弄的過程。提升經營巷弄商店的小商工人市場競爭力，並強化巷弄地區的社區文化，

　　長遠來看也是最有效的反縉紳化（anti-gentrification）政策。因為社區文化強而有力的商圈成員會自發性地阻止租金暴

---

4. 指可能會在商圈內消費的潛在消費人口。

漲，甚至會積極投資商圈內的公共財，打造出成功的巷弄商圈。

巷弄的競爭力即商店的競爭力

　　巷弄商圈是商人形成群聚的一種地區產業。每個商人各自獨立經營自己的事業，但同時又共享一個地區品牌，隸屬於同個足以和其他地區競爭的地區產業。巷弄商圈的整體名聲和整體性是商圈的競爭力，也和每一家店的競爭力同等重要。若研究具競爭力的巷弄商圈歷史，可以看出它們皆歷經相同的變遷過程。即使這個地區的可及性佳、文化資源豐富，仍需要靠優秀的創業者搶占租金便宜的地區來形成商圈。當具備經營能力、手腕和意志力的創業家開了「第一間」有個性的商店，周邊也會隨之漸增複製其成功模式的商店。

　　巷弄商圈的競爭力可以用 C-READI 來概括。滿足文化基礎設施（culture）、租金（rent）、企業家精神（entrepreneurship）、可及性（access）、都市設計（design）和整體性（identity）等六項條件，是形成成功商圈的巷弄共通點。C-READI 模式是一種檢視標準，不只提供企劃者，亦提供小商工人自行診斷所屬商圈的競爭力。

　　如果小商工人本身便具備商圈分析能力，不僅能提升自己的事業競爭力，也能深入了解商圈的整體利益。

巷弄的成功為什麼需要政府

C-READI 模式雖然單純，卻是新興的分析方式。既有的研究方式強調文化資源、租金、街道設計和可及性，而 C-READI 則提出地區社會內部的革新意志和力量才是成功的要點，例如創造嶄新都市文化的匠人精神和企業精神、維持並強化原有巷弄文化的整體性和社區精神等。

如果政府採取有效和穩定的政策，就能對 C-READI 模式的所有領域發揮正面的影響力。像是擴充巷弄的文化資產、維持穩定的租金、支援巷弄產業創業、訓練及培養必要的人才。政府還可以投資打造巷弄整體性和社區文化的公共財，例如改善大眾運輸，提高巷弄的可及性，以及建設文化和創業支援設施等。

政府成功介入的可能性因領域而異。方便步行於低層建築物的街道建設、住商設施共存等複合空間設計和打造便利的大眾交通運輸，是相對容易改善的條件。但是讓巷弄商圈展現地區整體性、維持合理的租金來吸引有創意的企業家入駐、開一間有個性的商店，成為巷弄文化先驅的企業家精神，難以單靠政府的堅持和力量來達成。

因為居民、商人、藝術家、青年創業家、活動倡議者和市民團體等才是巷弄的主體，必須由他們自發性地累積社會資

產。因此，作為公正協調者和公共財投資者的政府、具有原始競爭力的匠人商店和房東、基於地區整體性和社區精神，追求巷弄商圈長期利益的利害當事人所參與的「匠人社區」，才是能夠永續經營的巷弄商圈模型。

因匠人社區而生的經濟學

「巷弄經濟學」傳遞了單純有力的訊息給熱愛巷弄的大眾，但是單憑政府的支持和保護，以及以感性的方式關心巷弄，無法守護、發展我們所愛的巷弄文化。

只有滿足市場供需、公共財條件，以及足以和其他商圈競爭，才能創造得以延續的巷弄文化。即，商圈必須創造出大眾對巷弄商品的需求，生產者必須供給符合消費者標準的商品，以及促進生產者和消費者對商圈公共財的投資。

為了形成這樣的商圈，政府應該支援基本環境的建設，地區社會需要連結人才和資源，逐步打造魅力獨具的巷弄文化。尤其是以各地區的傳統文化為基礎，開拓多元且別具一格的文化企劃、社會性企業、巷弄商業模式的小商工人和地區活動家，或許才是巷弄和都市的未來。

第一章——

為什麼人們又開始走進巷弄？

為什麼我們喜歡巷弄？

名為「皇理團路」的慶州皇南洞某個巷弄。

　　我們都喜歡巷弄。但若真的問我們為什麼喜歡巷弄，喜歡巷弄的哪一點，反而說不出個所以然。或許好巷弄就是「遇到了就知道，但難以一言以蔽之」的地方。若想探究我們喜歡什麼巷弄，就先從思考巷弄的定義開始。

　　「巷弄」的詞源為何並不明確，反而因此可以有很多種的解釋。建築師千宜令把巷弄解釋為「小巷子的拐彎處」，即拐

彎處所連接的道路就是巷弄。建築師金英燮卻有不一樣的解釋，他認為巷弄是村子的入口，所以巷弄指的是始於村子入口的社區內道路。

那麼社區外的道路是什麼呢？在一個社區就是一個獨立村莊的農耕社會，社區外的道路就是連接村莊和村莊的道路。在經歷近代化的同時，連接村莊和村莊的道路成了公路，由政府主導而鋪設，主要提供汽車通行。或許正因如此，韓國國立國語院《標準大辭典》如此定義巷弄一詞：

從大馬路轉進來，得以連通社區各處的狹窄道路。

當人們開始意識到可供汽車通行的道路是新道路，巷弄則是人們長久以來行走於社區的舊道路，兩者的形象便也跟著改變。前者象徵近代，後者則象徵近現代，所以後者是我們必須解決的落後場所的意識也隨之誕生。

但是巷弄的形象並非一直以來都是骯髒且不安全的地方，用現代的眼光來看，直至日據時期首爾富人區也都是充滿巷弄的村子。那巷弄的形象是從何時開始變差的呢？

韓戰後首爾市中心木板屋林立的貧民村增加之際，巷弄的形象開始變差。大批移民湧入市中心，但房屋供不應求，於是木板屋林立形成的巷弄貧民村開始占據首爾四周的綠地和疏散

空地（為阻止空襲所引起的火災蔓延而空置的地帶）。

　　都市學者安昌模如此解釋貧民村擴大的背景：

　　戰爭難民、從北南下的逃難者、因反覆的洪災和火災而成了災民的人，以及承受不了青黃不接的農村生活而北上的貧民，這些人為了不讓自己露宿街頭，於是蓋起了最簡單的住所——木板屋。

　　——安昌模，〈首爾都市開發史〉（大韓民國歷史博物館韓國都市文化講座資料，二〇一四）

　　政府為解決住宅供給的問題，興建市民公寓，推動集體移居地建造產業、都市更新計畫和新市街開發等事業。但一九六〇年代以後，政府為改善居住環境，解決住宅短缺問題所發展的事業，卻對巷弄文化產生了負面影響。因為這些政策欲以現代化街邊商店和高樓大廈地區取代市中心的貧民村。

　　一九七〇年代，江南地區的開發成了巷弄社區在居住文化中徹底消失的契機。隨著公寓住宅區成為新興居住文化，居民開始搬離北村、西村、明倫洞、東橋洞、西橋洞等市中心，以及還留在這些地區四周的中高層獨棟住宅地區。

　　二〇〇〇年代中期，曾經沒落的市中心巷弄開始復甦。一九九〇年代中期，巷弄文化以弘大為中心，逐漸發展到三清

洞、林蔭道、梨泰院等區域。二〇〇〇年代巷弄商圈的復活，是反一九六〇年代以後固定下來的住宅和購物區域集中模式，所產生的新變化。此後，巷弄商圈逐漸擴散到全首爾和地方都市，傳統市中心街邊商圈和百貨商圈的同等競爭就此浮上檯面。

　　大眾對巷弄的文化價值也有了新評價。在過度競爭下發展的現代都市生活中，巷弄因成為人們的懷舊和私密場所而備受矚目。釜山寶水洞舊書街、大邱防川市場金光石街、首爾文來洞鋼鐵文化街、首爾梨花洞壁畫村等皆以文化作為背景，一躍成為熱門景點。

二〇一六年改造的光州松汀站市場街道。

　　當巷弄一成為眾所矚目的旅遊和文化資源，地方政府便爭先恐後地打造巷弄商圈。例如大邱的近代文化胡同、全州的韓屋村等都是由地方政府主導建立，挖掘新的巷弄資源也成了地方政府的關注重點。首爾市最近還發行了《首爾市民巷弄散策景點三十選》一書，讓市區中的隱藏巷弄一覽無遺。

　　可是我們喜歡所有的巷弄嗎？仔細一想，我們喜歡的巷弄通常都是方便行走，沒有車子通行，就算有也是單線道或雙線道，行駛起來不擁擠，大多是三樓以下的低層建築物包圍的雙向單線道[1]。

　　一條讓人想走的路，不會被大馬路和紅綠燈打斷走路的節奏；巷弄和巷弄相連的道路就是好走的路，我們之所以喜歡弘大周邊，也是因為巷弄綿延不絕。弘大地區沿著巷弄一路延伸到延南洞、延禧洞、上水洞、合井洞。從延禧交叉路口的地下道我們可以知道，為什麼巷弄的連接很重要，如果延南洞和延禧洞沒有地下道相連，那麼弘大的巷弄商圈便不易延伸到延南洞。

　　好走的路並非都深具魅力。我們喜歡充滿玩的、吃的、買的以及有豐富視覺享受的巷弄，像是以花草樹木裝飾的造景，招牌和建築物營造出的獨特景觀，有公園、美術館或博物館等

---

1. 沒有畫車線且可以雙向通車的小路。

豐富的文化設施，以及公共藝術作品和跳蚤市場等融合在一起，彷彿慶典不斷的地方。這就是深受大眾喜愛的巷弄。

最近巷弄的商業設施成了巷弄商圈的最大魅力。首爾市選出的三十條巷弄如南大門刀削麵街、弘大鐳鐳街、聖水洞手工鞋街等，皆是充滿個性的商業設施核心「吃吧、看吧、玩吧」的巷弄。

「穿梭在小商店中，有點獨特，再多點可愛趣味、更稀有的東西的魅力。」如同金美莉和崔寶潤作家在《前往世界設計的都市》中所形容，有趣的是，創造出巷弄獨特魅力和文化的商業設施，如美食店、獨立書店、工坊、保稅商店（bonded store）等，都是由老練的自營業者所經營的獨立商店。而連鎖加盟店、大企業品牌店或便利商店等企業型商店，則是在這些獨立商店率先耕耘於此，當商圈受到矚目後才開始入駐，所以對於巷弄文化和其整體性的成形並無貢獻。

建築師俞炫準解釋消費者之所以被巷弄內的商業設施吸引，是因為巷弄的密度和隨機性。巷弄和刻意且制式的購物中心不同，其構造可以容納各種型態的商店，每一間店都能按照商店的喜好來裝飾，而且位置的選擇性多，不侷限於一樓，連地下室也可以開店。

多虧巷弄結構的多元性和密度，讓我們能偶然遇見吸睛的東西，在意想不到的地方，踏入新的巷弄和新的商店。這和只

讓人聯想起紐約巷弄的購物中心雀兒喜市場內部。

要手裡拿著一張樓層品牌介紹表，就能摸清一切的購物中心和百貨公司不同，巷弄就像迷宮般蜿蜒曲折，帶領我們走到各個角落，享受驚喜般的快樂。

房地產開發商看出巷弄和商業設施的綜效，開始努力在新蓋好的購物中心、度假村、公寓住宅區重現巷弄商圈的形象。雀兒喜市場（Chelsea Market）打通二十八座廠房的牆壁，將空間相連，說是原封不動地把紐約巷弄市場搬進去，一點也不為過。既保存了工廠的原貌，又運用了建築物內通道的動線，打造出密度和隨機性共存的巷弄商圈，而非棋盤狀（grid）的傳統購物中心。

在韓國，這種巷弄型的購物中心正在增加。新世界百貨公

司東大邱站店就把全國有名的巷弄美食店搬進百貨公司，將美食街取名為「Luang Street」，打造出巷弄形式的美食街。首爾南山君悅酒店也開幕了讓人聯想到美食街的美食巷弄「素月路322」。

我們可以刻意營造出走起來舒服，充滿吸引人的商業設施的巷弄，但是巷弄的真正魅力在於巷弄本身的整體性和真實性。光憑完善的計畫是無法達成這兩點的，因為我們喜歡的巷弄並非只是單純的商業地區。百貨公司和購物中心只有想購物的人，但是我們能在巷弄裡遇見在此扎根、耕耘生活的居民。巷弄商圈也能滿足近年來遊客最想要的當地生活體驗。

日本近代唯美主義作家永井荷風很早便目睹到巷弄是完整保存庶民生活的文化寶庫。

新世界百貨商店東大邱店美食街「Luang Street」。

　　巷弄從古至今都是百姓生活的空間，藏著陽光普照的大街所看不見的生活。有孤獨無常的生活，有隱居的平淡，也有失敗、挫折、窮困最後的補償——怠慢和不負責任的樂園。有人在這裡度過相愛到無可自拔的新婚生活，也有人在這裡冒著生命危險偷情。雖然巷弄又窄又短，但它就像是一部內含豐富韻味和高潮迭起的長篇小說。

——永井荷風，《荷風的東京散策記》

　　讓人能悠閒漫步，欣賞有趣小店的特色，無關街道長度和社區大小，只要有充滿魅力的商店能夠吸引我們走入的巷弄，即使只有短短五十公尺的距離，也能獨占我們的關注和時間。這不正是我們真正喜歡的巷弄嗎？

自由主義者喜歡巷弄的方式

光州楊林洞企鵝村的早晨。

巷弄不會離開它原本的位置，既不會傷人，也不會移動，看起來一直在那裡等待我們。巷弄也是喜歡獨自旅行的愛好者經常造訪的地方。可是，巷弄真的不會背叛我們，一直在原地等著我們嗎？

為了一嘗巷弄美食而排隊等待的客人。

　　如果自己喜歡且經常光顧的巷弄商店因為沒有客人而關門，我們會感到可惜，但如果它是為求更好的發展而轉戰其他社區，有時卻會給人一股背叛感。當都市開發藐視巷弄所具備的歷史性和社區精神而使其消失，我們會感到難過。當巷弄商圈獲得商業上的成功，變得與自己格格不入時，心裡某處會感到空虛。每個人愛著巷弄的方式皆異，失去所愛的巷弄時的失落感也各自不同。為了能長久享受巷弄帶來的愉悅，為了在巷弄消失時盡量不感到悲傷，我們需要具備什麼樣的心態呢？

並非所有人都愛巷弄

　　我們應該接受很多人不喜歡巷弄的事實。如果邀請朋友一起去巷弄逛逛，你會發現他們並不樂意，反而可能會抱怨太

遠、交通不便、不好停車。還是有很多人認為好東西全都在百貨公司或名牌店，巷弄只不過是二流商圈，所以並非所有人都喜歡巷弄。

　　所以當你打算推薦巷弄美食店時，要很小心。平常就愛美食的饕客朋友可能會把不方便擺一邊，跟著你出征，可是其他人可能只想在離自己近的地方，簡單吃個飯打發一餐也說不定。又或者是他們重視餐廳服務、氣氛和名氣勝過食物的味道。尤其是你得慎重考慮是否邀請重視餐廳服務的朋友。因為巷弄裡的餐廳大多空間有限，只能讓客人在門外候位。所以別忘記了，並非所有人都能接受餐廳為了提供價格合理的餐點而削弱服務品質。

可以獨樂樂的地方

　　一個人的巷弄旅行更有魅力。我出差時常有機會在巷弄間旅行，雖然偶爾有人同行，但每次都讓我後悔莫及。巷弄旅行指的是在十公尺以內的小空間裡久待的意思。空間裡的人物、房子、牆壁、招牌、沐浴著陽光的道路、樹木、花盆等物品都能引人注目。但是若同伴對巷弄沒興趣，做出有違我意願的行動，就會破壞我想要盡情享受巷弄樂趣的時光。

　　和喜歡巷弄的人同行也會有問題，因為兩個有個性的巷弄旅人幾乎不可能有相同的喜好。大家可以試想兩人在狹窄的巷

弄裡，為了拍攝各自喜歡的東西而爭執的樣子。最後只是互為
對方的包袱罷了。

究竟想在巷弄體驗「什麼」呢？

　　探訪巷弄要有目標。巷弄旅行之所以愉快，是因為那裡的
出其不意。但僅依賴偶然帶來的驚喜是不夠的，若不預先想好
自己想在這裡尋找什麼、體驗什麼，很容易在剛走進巷子時就
浪費許多時間。

　　我在巷弄旅行時，會以地區的整體性和產業當作重點。尋
找以當地特色為基礎建立商業模式的小商工人和企業。當然巷
弄不一定只會反映當地的特色，所以大家也可以想想看多元的
旅行主題，按自己的喜好，從咖啡廳、烘焙坊、獨立書店、藝
術、建築等主題中擇一，並針對該主題來場深度之旅。

　　不論你挑選什麼主題，在巷弄裡找到或遇見有特色的商店
和人群，都是愉快的經驗。巷弄是一處容易讓旅人和創業家相
遇、對談，偶爾還能成為朋友的空間。在冷漠的都市生活中，
若能在學校或職場以外的地方遇到志同道合的朋友，真的很幸
福。而在巷弄間遇到的這群朋友，通常和自己沒有利害關係，
因此可以彼此尊重。消費者尊重為自己帶來幸福的巷弄匠人，
反之商店也尊重待自己如藝術家、匠人的客人。巷弄正是實現
這種互動的地方。

停留愈久，愈能獲得深層的享受

　　在巷弄裡駐足和體驗的時候，能真正感受到巷弄的魅力。如果住在民宿之類的住處，更能悠閒地享受一整天的巷弄文化。尤其是在清晨和深夜，更能深深感受到巷弄的慢步調和真性情，因此適合獨自來一場寧靜的探訪。

　　我喜歡巷弄裡的民宿。在和民宿主人聊天時，還能聽到光憑眼睛瀏覽時絕對無法知道的巷弄故事。在那裡還有誰比民宿主人更了解、更喜歡巷弄呢？如果他不喜歡巷弄，就不會在這巷弄一隅開設民宿了。如果深愛這巷弄的主人願意推薦四周的商店和特色景點，願意對你吐露這巷弄的歷史，還會有比這更

位於小巷弄的民宿辛西瓦（光州東明洞）。

出色的導遊嗎？

是觀光客或當地人都無所謂

在討論巷弄的真實性時，當地人和觀光客的比例是不可或缺的主題。很多人認為被觀光客占據的地方，無法體驗真正的巷弄。那麼，我們應該抵制那些將當地人排除在外的巷弄嗎？

其實不需要刻意避開為了觀光客所開設的商店。無論是觀光客或當地居民喜歡去的地方，只要投自己所好，我們還是會愛上那裡。觀光客「扶植」起來的巷弄，也會逐漸進化成地區生活的一部分。江陵咖啡、濟州綠茶等雖然原本都是以觀光客為客群所開始的事業，但是現在卻成了當地居民引以自豪的文化。變得喜歡喝咖啡的江陵居民甚至還抱怨：「現在去其他都市喝的咖啡都難喝到難以下嚥了。」

沒有什麼是永恆的

對於喜愛巷弄的人們來說，最困擾的時刻就是當商店「未經我們的同意」就擅自離開。有時候站在再訪的商店門前看到搬遷公告，都會感到一種難以言喻的背叛感。

即使是巷弄裡也沒有所謂的永恆。抱持理性的態度一想也對，因為自己喜歡，就認為那間店會永遠存在其實是一種貪心。大企業的平均壽命都縮減到了二十年，又怎能要求社區商

店永遠待在我們的身邊呢？這並不符合人間常理。

　　但愛上不會永遠存在的巷弄商店，方法很簡單，那就是盡可能享受每瞬間的相遇和交易，接受這間店可能明天就會消失的命運，享受當下。對巷弄旅人來說，值得慶幸的是，商店雖在巷弄裡來來去去，但只要空出了位置，馬上就會有新的商店來迎接我們。

企業和巷弄可以共存

　　巷弄文化是自營業者創造的文化，他們的真誠和才能做出我們喜歡的食物、商品、茶飲，以及氣氛。在這樣的巷弄裡，

公告擴店搬遷消息的烘焙坊Ruelle de Paris[2]（首爾延禧洞）。

---

2. 法文原意正為「巴黎小巷」。

大企業販售著規格化的商品，看起來就像格格不入的不速之客。若這些連鎖加盟店、大賣場和品牌專賣店壯大到足以威脅獨立商店，便會讓人產生抵制的想法。

　　但是把所有的大企業品牌都趕出巷弄，並非發展巷弄文化的可取之道。烘焙坊、咖啡專賣店、便利商店等小規模大企業品牌可以和巷弄咖啡廳共存，因為這些大企業品牌可以發揮吸引流動人口的綜效，最具代表性的例子就是星巴克。星巴克進軍世界各地，不僅吸引流動人口，亦能為現有商圈帶來實質利益是眾所皆知之事。

　　即使不做學術研究，也能憑直覺了解星巴克的影響力。試

自然融入巷弄的星巴克（東京千代岡）。

想當你迷失於巷弄中，突然發現星巴克時，是否會讓你感到喜悅和有安全感呢？星巴克有時也是用來衡量巷弄的標準。如果巷弄裡有星巴克，就會讓人覺得安心，認為該處很有可能是一條成熟的巷弄商圈，有各式各樣等著你享受的都市文化。像星巴克這樣的國際品牌店家，能夠提供消費者熟悉的氛圍和一定水準的服務品質，所以沒發現想去的商店時，通常會是安全的選擇。

當然，若想實現這美好的共存環境，巷弄商店本身也必須具備競爭力。社區的咖啡專賣店必須和星巴克做出區別，提供星巴克提供不了或沒有的服務，以及特別的體驗或高品質的咖啡。

根據獨立商店的獨立性制定適當的價格

巷弄商店的產品並非都能滿足大眾的性價比標準。少量生產的手工品價格可能會比大量生產的商品還高，但是這個價格包含了該商品提供的經驗價值，所以我們無法斷定它是否貴得離譜。巷弄商店的貢獻在於擴大都市文化的多元性，而我們也必須支付符合其個性和獨立性的合理價格。

我們喜歡的巷弄文化是一種公共財產，因此喜歡巷弄的消費者理應支付合理的費用給提供公共財的巷弄商店。那麼什麼叫做支付合理的費用呢？不用想得太難。即使巷弄商店的空間狹小又不便仍經常光顧，並且相信商店所制定的價格就夠了。

　　如果有一種哲學能貫穿喜歡巷弄的八項建議，那就是自由主義。尊重個人的自由、選擇、創意性，信任個人透過自發性的合作來創造公共財的能力。自由主義者應在沒有政府人為開發、不受大型組織力量影響的地方，適應自主成長的巷弄變化。因為巷弄必須是開放自由的，所以認同、接受因個人選擇所發生的巷弄變化，才是自由主義者熱愛巷弄的方式。

為什麼巷弄需要經濟學

美麗河川和中低層建築融為一體的巷弄（東京中目黑）。

　　長期以來我們對好社區的標準，不外乎是以名門學區或房地產的投資價值來界定，但是隨著生活水平開始提高，居住環境的標準也不斷改變，從原本的物質富裕優先，提升到文化上的享受和幸福的追求。

　　或許正因如此，能夠呈現弘大、林蔭道、三清洞、聖水洞、梨泰院等各地區原汁原味的生活風格的巷弄逐漸增加。都

市以街道和社區為中心獲得重生，從中誕生發展出新文化。

　　究竟我們喜歡的巷弄文化是如何形成、發展而來的呢？珍・雅各批判一九六〇年代以大規模住宅區為重點的都市更新計畫，主張應該保留能創造社區文化和小商工人產業的巷弄社區（street neighborhood）。此後都市學者開始尋找巷弄的成功要素，並在類型多元的低層建築、好走的人行道、短而密集的街區、居民和商人共存的建築之中發現成功要素。

　　建築師俞炫準從空間設計的觀點來分析巷弄商圈的活力，著眼於由看點密度和隨機性所決定的「空間的速度」。舉例來說，在弘大街頭行走時，巷弄兩側密密麻麻的商店入口和招牌等提高了看點的密度，讓行人放慢腳步。行人之所以「想漫步」於弘大的各個角落，也是因為此地提供了多元的情境。此外，文化藝術領域的專家也強調了巷弄文化藝術的基礎建設。美國的都市學者理查・佛羅里達（Richard Florida）指出創意城市的原動力是藝術家的聚集和文化整體性。實際上，從事文化產業的人和企劃者在確立地區的文化整體性，活絡畫廊、文化活動、公共藝術等都市寧適設施（amenity，提高都市的寧適性與便利性，符合審美之有形或無形文化產物的總稱）上，都扮演了重要的角色。

　　延禧洞是以建築維持其整體性的代表性巷弄。在建築師金鐘錫的指揮下，將四十五棟建築物改建成向外開放的結構。透

由建築師金鐘錫規劃的向外開放結構建築
（首爾延禧洞）。

過建築設計，規劃具備多元性及交流功能的社區文化，同時追
求整體性鮮明的都市風格（urbanity，時髦的空間具備的魅力）
和都市寧適設施。

　　對商圈專家來說，地區的可及性和租金很重要。租金便
宜，方便開車和搭地鐵前往的巷弄，有利於吸引想開工作室的
藝術家、想製作獨門料理的廚師，或想尋找自己喜歡的商店的
消費者。但即使巷弄具備了空間設計、可及性、文化基礎建
設、租金等條件，也不一定能發展成我們喜歡的街道。巷弄文
化並非只是滿足幾項物理條件就會形成，我們必須著眼於那些
創造出巷弄文化的人的努力。

　　若我們仔細觀察最近縉紳化（gentrification）、都市再生、

巷弄建造事業等關於活絡巷弄生態的爭論，可以發現這些爭論皆未提及真正創造巷弄文化的小商工人，以及哪些人成功了。這就是經濟學應該做出貢獻的部分，要有系統地分析並解釋巷弄創業者的成功過程。

巷弄的歷史通常從第一間在此創業的商店開始。第一間店具有其他地區找不到的特色，因為有人前來探訪，使流動人口增加，各式各樣的店家陸續入駐，於是巷弄搖身一變成為充滿活力的商圈。我們若追溯近年來受到矚目的巷弄商圈歷史，不難發現各巷弄的發展皆是源於第一間店。

弘大的第一間店可以追溯到一九九〇年代上半期，繼一九九四年開業的龐克咖啡廳 Drug 之後，有許多 Live Club 一一誕生，如 Blue Devil、Jammers、Spangle、Rolling Stones、BBANG、Freebird 等，弘大的獨立製作音樂（indie scene）便以這些 Live Club 為中心發展。從「自產自銷不被主流歌壇和原有的地下文化（underground）所接受的音樂動向」（引述自韓國內容振興院〔Korea Creative Content Agency〕）所醞釀出來的獨立實驗精神，此後也為弘大的獨立文化、地下文化、街頭文化、出版文化、咖啡廳文化所承襲。

林蔭道原本是悠閒的街道，聚集了畫廊和畫室。能在二〇〇〇年代中期成為新興的咖啡街，都是多虧了二〇〇四年開業的 Bloom & Goutte。

林蔭道的第一家店Bloom & Goutte。

　　讓人聯想到歐式露天咖啡廳的 Bloom & Goutte，是兩位花藝家和甜點師友人共同耕耘的成果。人們可以在這裡同時賞花、飲茶及享用甜點，這樣的概念耳目一新，富有魅力，在當時渴望悠閒生活和喘息空間的人之間產生爆炸性的迴響。隨著造訪 Bloom & Goutte 的人愈來愈多，林蔭道的名聲也開始扶搖直上，p.532、Deux Cremes 等充滿異國風情的咖啡廳也陸續進駐。於是，此後多采多姿的商店各自展現特色，將林蔭道帶往成功的道路。

　　三清洞在二〇〇〇年代中期以後成為首爾最具代表性的文化消費空間。在此之前，這裡僅是安靜的畫廊街，最著名的有

一九八五年開幕新館的現代畫廊（Gallery HYUNDAI）和一九八九年開張的國際畫廊（Kukje Gallery）。將三清洞拓展為古色古香的巷弄商圈的第一間店，正是一九九九年在此開幕的法國料理餐廳 The Restaurant。此後，A Table、斗佳軒等高級餐廳接連開張，三清洞也成了高級飲食文化的領頭羊。

二〇〇〇年代以前，梨泰院有許多以美軍為消費對象的酒吧和餐廳。但二〇〇〇年代初期，隨著美軍基地搬遷，開始有各國料理餐廳入駐，此後這裡成為可以品嘗到世界各國料理的街道。主導這次轉變的餐廳分別是二〇〇〇年開幕的 Le Saint-Ex，和二〇〇六年開幕的 Sortino's。兩間餐廳的主廚皆為外國

梨泰院Sortino's旗下餐廳之一，位於昭格洞的ITALYJAE。

人，主打國外道地的美味。Le Saint-Ex 標榜的是法國家庭式餐點，Sortino's 之後還加開了 Villa Sortino 和 Grano，開拓首爾的義大利飲食文化版圖。

帶領巷弄商圈成形的商店不一定非得是第一間店，即使是後起之秀，仍然可以躍升為代表地域商圈整體性並吸引顧客的主力店（anchor store）。一九七五年於延禧洞開幕的 Saruga 購物中心便是主力店發揮其影響力的顯著例子，Saruga 購物中心主要販售韓國國內罕見的商品，小商工人商圈便是以其為中心而形成。

為了讓韓國原有的巷弄經濟在各地開花結果，我們需要更多小商工人英雄。為了喚醒他們，將他們召喚出來，我們必須在巷弄成功紀中，記錄第一間開幕的商店和其企業精神。但可惜的是，目前在我們的巷弄商圈中，很少既有創意，又貫徹企業家精神的先驅商店創業者。若我們擁有豐富的人力資源，那麼尋找都市文化的年輕人就不會只集中在首爾，或是弘大、林蔭道等範圍有限的區域，海外的觀光客也不會抱怨韓國沒什麼可享用的美食和看點。雖然有許多專家擔心自營業者供過於求，但實際上能夠跟上時代潮流，又能滿足消費者各式需求的高品質供應者相當不足。

在連鎖業界一支獨秀的韓國咖啡市場就是顯著的例子。若大家到先進國家都市會發現除了星巴克、咖世家（Costa

工匠咖啡專賣店Manufact Coffee（首爾延禧洞）。

Coffee）、塔利咖啡（Tully's Coffee）等幾間連鎖店之外，街上顯現自營業者特色的咖啡專賣店櫛比鱗次。

反觀韓國都市，數十間咖啡連鎖店長久以來占領商圈，具有競爭力的自營咖啡專賣店只能在大學街、巷弄商圈等極少部分的區域才找得到。

成熟的自營業者之所以少，最大的原因在於缺乏培養人才的體系。首先，在升學主義的教育制度下，以創業為目標學習技術的學生不多。即使接受過這方面的教育，現實中也沒有可供實習的環境，讓他們累積實作經驗。

入駐巷弄商圈的咖啡業者中，現職咖啡師受訓不到三個月的人占 26%，受訓三到六個月的人占 32%，而接受一年以上教育訓練者僅占 19% 左右。不僅咖啡廳創業是如此，若想提高整

體自營業者創業的成功率，專業的教育訓練支援迫在眉睫。缺乏匠人精神也是阻礙之一。自營業者的工作十分艱苦，所以必須具備匠人精神。成熟的自營業者要消化從凌晨持續到夜晚的辛苦日程，還要有提供最高品質服務的使命感，這樣才能成功地長久經營自己的店。

若欲增加成熟的自營業者人口，強化職業倫理教育和建構有體系的人才培育體系非常重要。尤其需要針對未接受過技術教育的離職者或大學畢業生所設計的長期訓練課程，此外為了讓這些受訓者有現場實習的訓練，政府也需考慮提供補助金政策，讓自營業者願意雇用這些技術未成熟的學習者累積實務經驗。

地方政府不該一味透過稅制和獎勵政策吸引大企業，必須更加積極地摸索扶植地區所需的自營業者。正如在年輕人和觀光客所聚集的巷弄商圈所見，日後能夠吸引創意人才和產業進駐的並非大企業工廠，而是自營業者所需的完整基礎建設。

韓國應該吸收國內外大規模的觀光需求，集中創意人才，發展創意經濟，所以政府的當務之急是扶植自營業。唯有成熟的自營業者增加，才能充分提供海外觀光客和創意人才所需的都市文化服務。政府應該擺脫保護意識，例如失業救濟和保護巷弄商圈，並積極發展能夠創造高品質服務和文化價值的自營業人才培育。

巷弄經濟學應該提出什麼問題

巷弄商圈話題隨著二○○○年中期弘大、三清洞、林蔭道、梨泰院等第一代巷弄商圈蓬勃發展而備受矚目。民眾日益關注巷弄經濟和巷弄文化發展的同時，巷弄商圈政策也成了一般市民心中重要且份量持續加重的政策話題，縉紳化成為主要社會爭議和日常話題的一部分。

慶州鮑石路的某間咖啡廳。

　　然而，為了制定巷弄商圈政策所需的巷弄經濟學，還是未成氣候的學問領域。急需在巷弄爭論中加入經濟學是因為建築學、都市計畫學、都市社會學這些研究領域，無法有系統地說明發生於消費者需求、巷弄商人供給、租金、商圈之間的競爭等巷弄商圈中正在發生的各種經濟現象。

　　必須藉由巷弄經濟學來完善的主題是，關於創造都市文化的巷弄商圈的主要資產——獨立商人和建築投資者——的供需問題。現有的研究認為提供適當的物理環境，就會自動出現創造巷弄文化的生產者，但是巷弄經濟學將巷弄商圈定位為因利害關係人的經濟選擇所形成的一種市場。如此一來，巷弄經濟學才能發展成，以經濟學的理論和概念來分析、評論商圈的規模、水準、多元性、相互關係等商圈社會特性。

　　巷弄經濟學最重要的議題是巷弄商圈的活力和競爭力，終極目標則是分析並理解需求、供給等經濟變數，以及因政府政策而異的規模、水準、多元性是如何變化的。

　　巷弄經濟學也和其他經濟學領域一樣將焦點放在政府扮演的角色上。和市場、社會需求相比，巷弄商圈的供給明顯不足，在這樣的認知下，擴大巷弄商圈的供給和活化所需的正確對策，將是巷弄經濟學目前最關心的事。

　　巷弄經濟可以用一句話來定義：「在象徵巷弄的地區單位空間中，所發生的財貨和服務之生產、交換、分配及消費相關

的一切人類活動。」這個用語目前還不是學術用語，是媒體針對地方經濟時所用的稱呼。巷弄商圈，意指巷弄經濟的商業領域，也可能是指特定區域商圈或所有巷弄商圈。若巷弄商圈為特定區域商圈，那麼左右該商圈競爭力的物理、經濟環境，就是制定巷弄政策方向的核心。假設視分布全國的所有巷弄商圈為單一市場，就可以將批發零售、餐飲業、工藝工坊、書店、畫廊等主要在巷弄內的營業類型與產業定義為「巷弄產業」。因此，宏觀定義下的巷弄商圈政策與地區範圍無關，而是扶植和支援所有投入巷弄產業的小商工人、自營業者、中小企業的政策。

若是把巷弄商圈當作一種商圈類型，那麼在空間上就會和其他商圈有所區隔。一般來說，和延南洞、三清洞、林蔭道等在住宅區附近形成的鄰近商圈，或原有商圈的「背後商圈」[3]重新復甦的地區，就會被分類為巷弄商圈。

和巷弄商圈相對應的有「大型核心商圈」、「街邊商圈」、「百貨商圈」。大型核心商圈是指明洞、江南站、釜山西面、大邱東城路等位於都市中心的商圈。百貨商圈則是指以大型購物中心為主所形成的商圈，如三成洞、永登浦站、東大門市場等。街邊商圈雖然不是典型的市區商圈，但卻是在主要區域內

---

3. 指該商圈的腹地擁有許多需求人口。

發揮據點功能的商圈。

　　巷弄經濟學首要關注的焦點是巷弄商圈的競爭力，首爾巷弄商圈在和其他商圈競爭的同時，也表現得起起落落。

　　韓國國內發行的美食指南《藍帶》將首爾各地商圈劃分為巷弄區域商圈和非巷弄區域商圈（核心商圈、街邊商圈）。二〇一二年至二〇一七年間新出現的巷弄商圈有聖水洞和付岩洞兩處，同時期美食店數量大幅成長的商圈有島山公園、瑞來村、西村、延南洞、梨泰院、漢南洞、弘大前，反之減少的地方有狎鷗亭洞和三清洞。

　　從上述訊息中，我們需要先關注付岩洞和聖水洞的崛起。媒體口中的成功案例雖然有益善洞、熱情島、奉天洞等巷弄，但是根據《藍帶》的分類，劃分為獨立商圈的地方只有付岩洞和聖水洞，從結果來看，只有這兩處符合巷弄商圈的成功標準。

　　此外，現存巷弄商圈的蕭條也值得關注。大部分的巷弄商圈美食店數量增加，但是狎鷗亭洞和三清洞的美食店數量卻明顯減少。可預料的原因是縉紳化。最近媒體也視這兩處為縉紳化的受害區，但美食店數量減少不足以說明商圈失敗的原因，因為同樣被認為是縉紳化受害地區的弘大前和西村的美食店數量反而大幅增加了。傳統商圈分析方法論是以地點、可及性、消費人口、周邊鄰近設施等四項條件來評估商圈的競爭力。理

巷弄區域	2017	2012
島山公園	31	17
瑞來村	29	10
林蔭道	47	51
狎鷗亭洞	43	60
清潭洞	58	56
聖水洞／玉水洞／金湖洞	13	NC
西村／紫霞門	31	20
大學路	14	15
三清洞／安國洞	40	52
延南洞／延禧洞	65	12
梨泰院	102	85
仁寺洞／鍾路三街	28	25
漢南洞	14	3
弘大前 + 合井洞	143	85
付岩洞	8	NC
小計	666	491

非巷弄區域	2017	2012
江南站	21	10
江東區	8	9
江西區	8	8
高速巴士站／盤浦	12	8
冠岳區	9	11
衿川區	1	2
鷺梁津／大方	9	3
大峙洞	10	NC
峴路	22	36
舍堂／方背	13	14
三成站	16	25
瑞草／教大站／藝術殿堂	26	10
宣陵站／漢堤站	14	NC
松坡／蠶室	15	10
水西	3	2
良才／梅峰／道谷	23	NC

	2017	2012
陽川區	7	7
汝矣島	49	24
驛三洞	17	25
永東大橋南端	19	0
永登浦	24	12
奧林匹克公園／芳荑洞	10	NC
蠶院洞／新沙站	13	NC
鶴洞十字路口	14	17
江北區	2	NC
建大入口	10	NC
廣津區／華克山莊	3	NC
光化門	34	43
舊基洞／平倉洞	10	NC
南大門市場／南山	25	NC
蘆原區	3	5
道峰區	4	NC
東大門	27	12
馬場洞／往十里	10	7
麻浦	26	24
明洞	19	31
沙丘	1	NC
三角地／淑大入口	14	NC
上岩洞	4	NC
西大門	4	3
城北洞	16	20
城山洞	4	NC
誠信女大／高麗大	4	10
新村／梨大前	18	29
龍山／二村洞	13	NC
恩平區	10	NC
乙支路／忠武路	25	35
獎忠洞／新堂洞	16	10
貞洞／市廳／小公洞	48	65
貞陵／月谷	2	1
中浪區	3	NC
小計	731	528

首爾市區各商圈美食店趨勢（《藍帶》收錄標準）NC：Not Classified，不歸類為獨立商圈。

想的商圈通常位於大眾交通便利的平地，四周居住大量的消費人口，以及附近吸引流動人口的設施多。但是如果只用外部環境來評價巷弄商圈，很難說明其興衰。如果巷弄商圈有足夠的競爭力，能夠創造獨具魅力的都市文化，那麼除了外部環境，商人競爭力、文化整體性、租金水平等也會是重要的內部影響因素。

　　麥可・波特（Michael Porter）的「五力分析」（Five Forces）很適合以商圈的結構特性來分析巷弄商圈的收益性和魅力度。他主張特定產業的競爭力取決於新進駐者的威脅、供給者的談判能力、買家的談判能力、替代品的威脅、產業內的競爭結構。

　　如果將這套理論應用於巷弄商圈，那麼：

1. 競爭商圈難以進入周邊（新進駐者的威脅低）。
2. 生產高品質的巷弄商品（供給者的談判能力高）。
3. 彈性調動人力、材料等投入要素（買家的談判能力高）。
4. 取代巷弄消費的新消費趨勢出現的可能性低（替代品的威脅低）。
5. 內部結構具競爭力（良性的競爭結構）的巷弄商圈成長潛力大。

　　波特的產業結構分析雖然提供了分析巷弄商圈競爭環境的有效方法，但還是不足以說明有創意的商人主導的巷弄文化產出過程。因此，巷弄經濟學綜合了目前的分析框架所提供的多元方法論，選擇折衷的分析方法，以巷弄商圈的實際進化過程為分析基礎。

　　巷弄經濟學的分析對象不侷限於個別巷弄商圈的競爭力。若將超越地域空間的巷弄商圈定義為巷弄產業，巷弄商圈的活力便取決於參與此產業的需求者、供給者、仲介者的經濟活動。政府不需直接介入特定商圈，而是藉由支援巷弄產業的相關需求、供給、仲介活動來活化巷弄商圈。我們之所以不該把焦點擺在特定巷弄商圈，而是扶植巷弄產業來影響整體巷弄商圈，是因為目前巷弄產業所提供的商品還未達消費者需求或社會需求的水準。

　　巷弄產業需求者：造訪巷弄的需求者和拜訪巷弄商店的消費者是決定巷弄商圈需求的經濟行為者。二○○○年中期以後，購物文化最大的變化就是巷弄購物和線上購物的崛起。前者是有個性、喜歡多元性、體驗的消費者的價值變化，後者則是以 IT 技術為跳板成長。

　　對巷弄商圈的需求集中在年輕人身上，老一輩仍然喜歡傳統市場、百貨公司、大賣場等交通方便，且販售性價比較高的

商品的通路。

　　而年輕消費者在巷弄商圈裡，不僅將錢花在商品自身的物質價值，同時也在消費商品的文化、倫理價值。關於巷弄產業未來的重要爭論，是喜好巷弄的消費者規模和成長速度，同時這也影響了造訪巷弄商圈的消費者結構。觀光客比例較居民高的商圈，很有可能引領巷弄商圈新潮流。

　　巷弄產業供給者：巷弄文化的生產者是在巷弄商圈內營業的商店。獨立商店比大企業或連鎖店更能提供消費者想要的特色產品。都市社會學也開始將獨立商人在某地區創造的都市文化稱為「現場」（scene），當作文化產地。

　　不只在巷弄活動的商人才能創造巷弄文化，除了藝文人士，房東也能帶來有個性的建築物和高文化價值的設施，為巷弄文化發展帶來貢獻。建立文化藝術設施、青年創業支援中心，吸引藝術家和青年創業者的政府，也是重要的巷弄文化生產者。

　　巷弄產業的仲介者和企劃者：如果把生產都市文化的文化產業界定義為巷弄產業，那麼連結身為巷弄文化生產者的藝術家和消費者的仲介商必須活躍起來。當藝術、音樂、出版等文化產業一同選拔出藝術家，那麼幫助藝術家在商業上取得成功

的仲介者、企劃者的角色將非常重要。藝術圈的畫廊、大眾音樂界的經紀公司、出版界的出版社都是仲介商的一種。

　　巷弄產業也必須成長到培養巷弄明星的經紀角色，才能將巷弄文化發展為文化產業。雖然目前有株式會社張振宇[4]等巷弄商圈的成功企業家經營支援巷弄商人的企業，但是就產業層面來看，還未起到企劃者的作用。

　　租賃市場在巷弄商圈中也是連結巷弄商人和房東的重要仲介產業。絕大多數的巷弄商人都是承租商業空間，所以租賃市場的健全性便是巷弄商圈活躍與否的主要變數。此外，巷弄企劃者也是目標瞄準短期收益的巷弄商店、房地產投資者。大部

大田官舍村保留一九六〇年代的巷弄風景原貌，吸引徒步遊客前來。

分的巷弄企劃者目前都還在檯面下活動，但不久的將來，巷弄企劃事業相當有可能正式浮上檯面。例如韓國國內最大的房地產資產營運公司 IGIS Asset Management 最近便邀請有潛力的廚師進駐自己擁有的商店街，開始進行提高資產價值的事業。此外，部分巷弄企劃者不投資房地產，反而是選擇透過開店創業以提高權利金的盈利模式。

最終政府的巷弄商圈政策可歸結為支援的方法和對象。從經濟學的觀點來看，最好的政策是將政府的干預降到最低，活化市場機能，但是當市場嚴重失靈，便需要政府積極干預。

政府已經積極投入文化基礎建設建構、租金補助、巷弄創業支援和改善大眾交通等各方面，但是政府更該關注的是，巷弄商圈市場失靈的主要原因為缺乏社區文化。因為巷弄的歷史較短，所以巷弄商店並未意識到，若想在與其他商圈的競爭中生存下來，不僅需要強化內部合作，還要把彼此當作同行。這也是政府必須透過青年和藝術家支援設施、原有文化設施等文化和青年領域的公共財投資，致力於強化社區文化的原因。

尤其韓國巷弄匠人的供應不足是市場失靈的最大原因。和市場需求相比，具有國際競爭力的巷弄商人遠遠不足，因此政府在支援現有商人實力的同時，

---

4. 專門提供 F&B（餐飲）品牌策略企劃及諮詢服務的公司，CEO 為張振宇。

　　也要建立有系統的教育、職業訓練、創業支援體系,來引
導有實力的新興商人加入巷弄產業。

　　總而言之,巷弄經濟學是以供給、需求、交易成本、市場
失靈等經濟學概念,分析巷弄商圈的興衰和開發政府政策的領
域。未來巷弄經濟學將以國內外實例和資料為基礎,假設並驗
證關於巷弄商圈學習的理論和假說,發展新研究領域,將巷弄
產業扶植方案具體化。

巷弄商圈的崛起是誰的沒落

巷弄商店招牌琳瑯滿目的梨泰院經理團路的上段，冬青花路入口。

　　巷弄商圈已經成為我們的日常，不用非得到市中心，在自家附近的巷弄也能和朋友見面、吃飯、娛樂。這說的不是住在特定區域的人，不管住在首爾的哪裡，至少都有一個走路即可抵達的巷弄商圈。可是，若巷弄商圈的盈利在低成長時代增加，那是否也有哪個商圈的盈利正在減少呢？

　　二○一五年 KB 金融控股經營研究所（KB Financial Group）

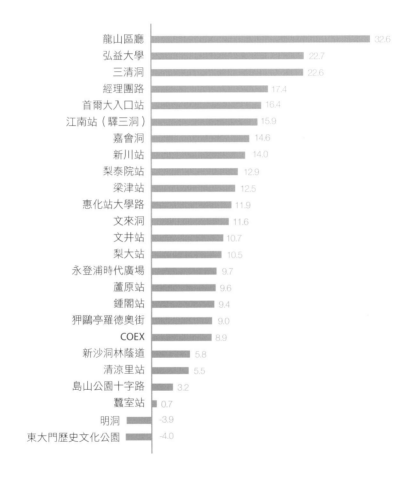

龍山區廳	32.6
弘益大學	22.7
三清洞	22.6
經理團路	17.4
首爾大入口站	16.4
江南站（驛三洞）	15.9
嘉會洞	14.6
新川站	14.0
梨泰院站	12.9
梁津站	12.5
惠化站大學路	11.9
文來洞	11.6
文井站	10.7
梨大站	10.5
永登浦時代廣場	9.7
蘆原站	9.6
鍾閣站	9.4
狎鷗亭羅德奧街	9.0
COEX	8.9
新沙洞林蔭道	5.8
清涼里站	5.5
島山公園十字路	3.2
蠶室站	0.7
明洞	-3.9
東大門歷史文化公園	-4.0

BC信用卡年均使用金額增減率
（二〇一四～二〇一六年，單位：％）
銷售額增加率上游圈前五名都是巷弄商圈。

報告（「KB 知識維他命」，以下稱 KB 報告書），將非巷弄商圈的其他商圈劃分為大型核心商圈和百貨商圈。大型核心商圈是以明洞、江南站、釜山西面、大邱東城等位於市中心的商圈；百貨商圈是以三成洞、永登浦站、東大門市場等大型購物中心為中心形成的商圈。巷弄商圈則是在延南洞、三清洞、林蔭道等住宅區附近形成且活躍的新鄰近商圈或原有商圈的背後商圈。

　　KB 報告中分類模糊的商圈為街邊商圈。雖然街邊商圈不是市中心商圈，但是有很大的潛力成為重要區域內的據點商圈。若新增街邊商圈為獨立的商圈型態，巷弄商圈以外的商圈即可劃分為三類：核心商圈、街邊商圈、百貨商圈。

　　相較於巷弄商圈，這些商圈又是如何成長的呢？從二〇一六年十二月東亞日報和 BC 信用卡大數據中心（BC Card Big Data Center）所調查公布的首爾主要二十五個商圈年均信用卡使用金額增減率，[5] 我們可以找到答案。BC 信用卡關注的二十五個商圈中，巷弄商圈就多達十個地區。

　　平均成長率最高的是 15.3% 的巷弄商圈，接著依序為街邊商圈 8.9%，核心商圈 8.7%，百貨商圈 4.9%。巷弄商圈的成長率約為其他商圈的兩倍，其他三個非巷弄商圈的成長率皆低於總平均的 9.7%，其中衰退最多的是百貨商圈。隨著巷弄商圈的

---

5. BC 信用卡是韓國首屈一指的超大型信用卡公司。 一九八二年從銀行信用卡協會起家，由市面上各家銀行共同出資，為韓國信用卡業界的代表龍頭企業。

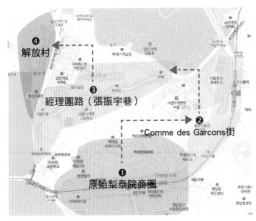

快速擴張的梨泰院商圈（KB報告）。

崛起，其餘商圈的成長趨緩，尤其百貨商圈的成長率更是明顯下滑。

在個別商圈成長率排名中，可以明顯看出巷弄商圈的崛起和非巷弄商圈的衰退。增加率第一名的是龍山區廳（綠沙坪），其次為弘益大學（西橋洞）、三清洞、經理團路、首爾大入口站（夏路樹街）。相反，核心商圈明洞（-3.9%）和百貨商圈東大門站歷史文化公園（-4.0%）的信用卡使用金額反而出現減少的情形。蠶室站和COEX的成長趨勢分別為0.7%和8.9%，同樣未達首爾整體商圈的平均（9.7%）。

《經濟學人》（*The Economist*）和三星信用卡共同企劃的〈大韓民國百大商圈〉報告也得到類似的結論。韓國百大商圈

的平均使用金額（以二〇一六年一到二月為基準，比較對象為二〇一三年一到二月）排名中，核心商圈明洞（忠武路二街）為成長率最低的商圈，巷弄商圈中梨泰院一帶的成長趨勢明顯突出。包含在梨泰院商圈內的龍山區廳、經理團路、梨泰院站都位居上游，成長率各為 32.6%、17.4% 和 12.9%。

　　我們必須關注巷弄商圈的另一個原因是持續的地理擴張。SK telecom Geovision 的商圈集中分析服務顯示出，信用卡使用金額增減率名列前茅的梨泰院商圈、弘大商圈、西村（北村）商圈、文來商圈的地理擴張。

　　梨泰院商圈並非以地鐵站為中心，而是散布於巷弄各處的商圈以分散型結構急速擴張。本來梨泰院商圈是指從梨泰院一洞到漢南二洞這段一‧四公里的區間，但是商圈漸漸以綠沙坪站為基準，沿著內部巷弄和巷弄擴張。梨泰院商圈現在已是以梨泰院為中心，結合東北邊的綠沙坪站、張振宇巷、經理團路，和西南邊的古典家具大街、雩祀壇路、Comme des Garcons 街的巨大商圈。

　　始於弘益大學前的弘大商圈自第一次擴張到上水洞和合井洞之後，最近則是膨脹到了望遠洞、延南洞、延禧洞。隨著京義線林蔭道的開放，延南洞漸漸成為弘大商圈的中心。成為三清洞和嘉會洞中心的北村韓屋村也正往桂洞、苑西洞延伸。景福宮位於商圈中間，將商圈一分為二，一邊是北村和光化門

巷弄商圈,另一邊則是西村,西村也受到北村的影響成長為商圈。若說巷弄商圈的成長趨勢壓過其他商圈,那麼在規模上,有可能成長到其他商圈的水平嗎?

首爾市區內主要商圈的規模多大?

　　各商圈的銷售額和流動人口數據我們可以在 SK telecom Geovision 服務發行的〈二〇一七找不到蕭條跡象的熱門商圈〉報告中找到。這份報告針對兩個核心商圈(建大入口、明洞),八個街邊商圈(鷺梁津、麻谷新傍花站、麻浦站、良才站/良才市民森林、汝矣島東部、鍾路避馬胡同、千戶洞、清潭)、兩個百貨商圈(東大門、三成站),九個巷弄商圈(文來洞、夏路樹街、瑞來村、西村、聖水洞、延南洞、龍山熱情島、鍾路益善洞、解放村/經理團後段路)等共二十一個商圈進行深層分析。

　　從飲食、服務、醫療、零售、教育等五個行業類別的單日總銷售額排名來看,明洞(核心商圈)和清潭洞(街邊商圈)有壓倒性優勢,總銷售額各為四兆韓元和一千兩百九十九億韓元,遠遠勝過巷弄商圈中規模最大的聖水洞(三百八十億韓元)。

　　單日總銷售額的第二名和第三名則是清潭洞(街邊商圈)和鍾路避馬胡同(街邊商圈)。從行業類別來看,第一名的明洞(核心商圈)以零售業銷售額(兩兆二十三億四千六百萬韓元)最

高，第二名的清潭洞（街邊商圈）則是以醫療業銷售額（五百六十一億六千萬韓元）最高。主要依靠餐飲業盈利的巷弄商圈，從結構上來說難以跟上核心商圈和街邊商圈的銷售額規模。

　　從單日流動人口來看，前三名分別為鷺梁津（四十四萬

分類	名次	商圈	總銷售（萬韓元）	餐廳銷售（萬韓元）	流動人口（人）
巷弄	1	聖水洞	3,803,470	374,250	62,143
	2	夏路樹街	3,424,145	1,280,236	144,785
	3	文來洞	2,895,600	813,777	10,616
	4	瑞來村	1,610,202	863,830	28,925
	5	解放村／經理團後段路	1,474,514	1,005,997	42,816
	6	延南洞	1,275,790	761,808	52,000
	7	鍾路益善洞	860,868	560,679	19,311
	8	西村	610,832	440,721	24,426
	9	龍山熱情島	289,027	157,466	11,847
核心	1	明洞	400,989,522	100,515,993	108,694
	2	建大入口	4,626,061	1,664,969	20,162
街邊	1	清潭	12,992,000	2,515,700	160,059
	2	鍾路避馬胡同	7,355,252	2,336,516	262,233
	3	鷺梁津	6,440,712	3,090,028	445,722
	4	汝矣島東部	5,672,285	2,496,669	327,145
	5	千戶洞	4,144,052	1,314,746	81,053
	6	麻浦站	3,954,023	1,180,587	122,774
	7	良才站／良才市民森林	2,438,808	979,512	66,256
	8	麻谷／新傍花站	536,847	170,126	72,491
百貨	1	三成站	4,341,627	1,438,452	105,974
	2	東大門	2,106,184	550,179	164,043

各商圈單日總銷售額、餐飲業銷售額、流動人口（排名以總銷售額為基準）。

名次	商圈	人均總銷售額（韓元）
1	明洞	36,890,000
2	文來洞	2,720,000
3	建大入口	2290,000
4	清潭	810,000
5	聖水洞	610,000
6	瑞來村	550,000
7	千戶洞	510,000
8	鍾路益善洞	440,000
9	三成站	400,000
10	良才站／良才市民森林	360,000
11	解放村／經理團後段路	340,000
12	麻浦站	320,000
13	鍾路避馬胡同	280,000
14	西村	250,000
15	延南洞	245,000
16	龍山熱情島	243,000
17	夏路樹街	230,000
18	汝矣島東部	170,000
19	鷺梁津	140,000
20	東大門	120,000
21	麻谷／新傍花站	70,000

名次	商圈	人均餐飲業銷售額（韓元）
1	明洞	9,247,000
2	文來洞	825,000
3	建大入口	766,000
4	清潭	298,000
5	聖水洞	290,000
6	瑞來村	234,000
7	千戶洞	180,000
8	鍾路益善洞	162,000
9	三成站	157,000
10	良才站／良才市民森林	147,000
11	解放村／經理團後段路	146,000
12	麻浦站	135,000
13	鍾路避馬胡同	132,000
14	西村	96,000
15	延南洞	89,000
16	龍山熱情島	88,000
17	夏路樹街	76,000
18	汝矣島東部	69,000
19	鷺梁津	60,000
20	東大門	33,000
21	麻谷／新傍花站	23,000

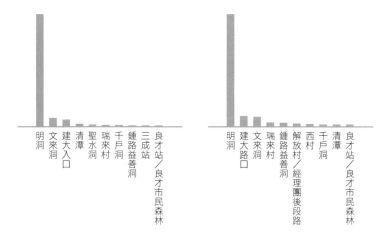

流動人口人均總銷售額（左），餐飲業銷售額（右）排名。

人）、汝矣島東部（三十二萬人）、鍾路避馬胡同（二十六萬人）。巷弄商圈中流動人口最多的是夏路樹街，多達十四萬人。（因為韓國經濟新聞社和 SK telecom Geovision 服務並非以整體商圈流動人口，而是以自身所關注的商圈半徑〔兩百五十到八百公尺〕內流動人口來計算，所以實際流動人口數預估比公布的人數還多。）若以該數據來看，巷弄商圈的流動人口遠不及其他商圈。但是若和流動人口人均銷售額相比，可以看到不同的結果，巷弄商圈的發展可說是凌駕於街邊商圈和百貨商圈。流動人口人均總銷售額的前八名依序為明洞、文來洞、建大路口、清潭、聖水洞、瑞來村、千戶洞、鍾路益善洞，巷弄商圈平均分占排名的上游圈。

排名第二的文來洞（巷弄商圈）流動人口人均總銷售額

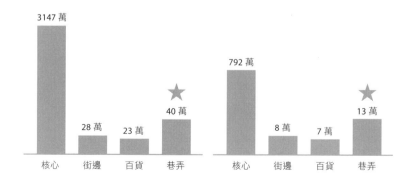

各商圈流動人口人均總銷售額（左）和餐飲業銷售額（右）。

為兩百七十二萬韓元,比第三名的建大入口(核心商圈)的兩百二十九萬韓元還要多出四十三萬韓元,和位居第四名的清潭(街邊商圈)的八十一萬韓元有一百九十一萬韓元的差距。

　　流動人口人均餐飲業銷售額前八名則依序為明洞、建大入口、文來洞、瑞來村、鍾路益善洞、解放村/經理團後段路、西村、千戶洞,巷弄商圈占領排名的上游圈。若比較四個商圈的流動人口人均銷售額的平均值,巷弄商圈雖然不及核心商圈,但是比街邊商圈、百貨商圈更有優勢。

　　從流動人口人均總銷售額來看,巷弄商圈(四十萬韓元)遠超於街邊商圈(二十八萬韓元)和百貨商圈(二十三萬韓元)。從流動人口人均餐飲業銷售額來看,巷弄商圈(十三萬

全球大型購物中心正面臨衰退趨勢。(照片提供:Shutterstock)

韓元）也高於街邊商圈（八萬韓元）和百貨商圈（七萬韓元）。

　　以上所分析的各種統計都可以明顯看出，巷弄商圈是可和街邊商圈、百貨商圈抗衡的新興商圈。雖然巷弄商圈的銷售額或流動人口不及街邊商圈和百貨商圈，但是流動人口人均總銷售額和流動人口人均餐飲業銷售額較高。

　　若巷弄商圈持續擴張，核心商圈、街邊商圈、百貨商圈只會相對萎縮。考慮到百貨公司和購物中心都在衰退的世界趨勢，那麼隨巷弄商圈的崛起，最受威脅的商圈即是百貨商圈。

　　那麼究竟巷弄商圈會持續成長嗎？從享受瑣碎日常、為自己的喜好消費和想要特別體驗的消費者增加的全球趨勢來看，巷弄商圈將會主導商圈的成長，但還是很難有自信地預測未來，因為以目前的資料來看，只能大略掌握巷弄商圈的規模和成長趨勢。除了整體銷售規模和流動人口之外，若想以業種、商店型態、營業時間、商店位置等多重基準來分析巷弄商圈銷售額和成長趨勢，就需要有系統的樣本調查。政府若希望巷弄商圈能健全發展，必須先從正確統計資料蒐集和有系統的研究支援開始著手。

第二章 ——

廣受喜愛的都市不可或缺的條件

市區咖：喜歡巷弄之人的名字

紐約代表性手工啤酒，布魯克林啤酒廠。

　　巷弄文化不單是年輕人喜歡的消費文化，而是一種在全世界蔓延的都市生活風格。年輕人和喜歡居住在郊外，遠離工作地方的老一輩不同，他們追求工作和享樂都在市中心。老一輩的生活風格若叫做市郊風格（suburban），巷弄世代的生活風格就叫做市區風格（downtown）。

　　從一九六○年代到一九七○年，美國的主要都市都曾捲

入種族紛爭的漩渦。白人中產階級因為擔心治安問題，大舉從市中心搬遷至郊外，而市中心也失去活力，淪為低收入階層和少數人種居住的貧民區。美國中產階級「拋棄」市中心反而帶起了汽車文化，他們住在郊外寬闊的房子，和家人享受天倫之樂，通勤時開車往返市中心，這變成了他們嚮往的生活風格。

　　但是搬到郊外的嬰兒潮世代（一九四六年到一九六四年出生的世代）的子女卻有著不同的想法，他們開始嚮往在市中心工作生活。但年輕世代會出現這樣的改變並不意外，畢竟從歷史的脈絡來看，子女世代通常都喜歡追求不同於父母世代的文化。

　　嬰兒潮世代的子女成長過程中，一九九〇年代市中心生活風格成為支配當時美國主流社會的郊區生活風格的替代方案。這並非只是反抗父母的心態起了作用。一九九〇年代紐約市的

作為美國人氣情景喜劇《六人行》設定背景的公寓。

治安恢復也對市中心生活風格有極大的貢獻，這也多虧當時的紐約市長魯迪・朱利尼安（Rudolph Giuliani）向犯罪宣戰，讓市中心犯罪率顯著下降。

價值觀的改變也起了推波助瀾的作用。一九七〇年代以後美國從強調成果和競爭的物質主義蛻變為主張多元性、個性、生活品質、開放性的後物質主義（post-materialism），對父母世代的文化感到厭煩的年輕世代深深著迷於市中心開放且獨立的文化。

將年輕世代的渴望變成流行的正是媒體，像紐約的生活風格正是電視劇所塑造出來的風格。加拿大的都市計畫專家查爾斯・蒙哥馬利（Charles Montgomery）便曾在自己的著作《是設計，讓城市更快樂》（*Happy City*）說到電視劇的重要性。

一直到一九八〇年代為止，美國電視劇大部分都在描寫住在郊區的家庭生活，但是一九九〇年代以後在美國獲得高人氣的《六人行》（Friends）、《慾望城市》（Sex and City）等電視劇所描寫的都是在市中心的公寓裡發生的事。（中略）隨著新世代在成長過程中，長期透過大眾媒體接觸到有別於上一代的故事和形象，受美國人歡迎的居住型態也可能因此改變。

——查爾斯・蒙哥馬利，《是設計，讓城市更快樂》（時報出版，二〇一六）

　　市中心生活風格於二〇〇〇年代中期在韓國出現，弘大四周的巷弄商圈也一躍成為首爾的新青年文化重地。有別於喜歡百貨公司、大賣場、購物中心的父母世代，年輕世代喜歡拜訪巷弄裡有個性且多元的獨立商店。巷弄是他們跳脫整齊劃一的消費文化，得以自由地享受自身所好的場所。如果名牌、大量消費、性價比代表物質主義消費文化，那麼小奢侈、感性消費、文化體驗則是巷弄所提供的後物質主義價值。

　　巷弄商圈的崛起直接造成生活風格的改變。年輕世代在二〇一〇年以後開始移居巷弄商圈區域，最具代表性的市中心生活風格重地，正是以藝術和文化基礎建設為基石形成新創產業生態的弘大。弘大的許多年輕人已經實踐了在一個地區工作和生活的市中心生活風格。

位於梨泰院經理團路上的Crowd Coffee Company。

　　市中心生活風格已是流行趨勢，雖然目前只有少數人，但是以富有創意的想法生產且消費獨特價值的「市區咖」（downtowner）才是引領未來都市文化潮流的人。

　　會產生創造企業和產業的革新生態系，基本上是以地區為單位的經濟體系。在生產者、消費者、專業人士間形成的網絡提供了創作活動所需的共享、協作和學習機會。人口密度高的市中心，是要求成員聚集的地區革新生態系的建構必要條件。

　　市中心生活風格也追求可持續性的都市環境。市區咖偏好倚賴大眾交通工具、腳踏車、步行的環保生活。建構可持續性的福祉體系時，也需要市中心生活風格，例如將老人的居住地

紐約市立博物館入口。

吸引到市中心等，藉此集中社福對象也是全球大勢所趨。

　　受市區咖擴散直接影響的政策領域，有都市更新和地區發展。過去的政策是以都市更新和新都市開發為中心來支援郊區生活風格，但現在是時候以都市更新政策來支援未來世代的市中心生活風格了。

　　未來世代期望的都市更新事業是體現魅力獨具的市中心生活風格。因此，不僅要透過都市更新建設年輕人的居住設施，還有他們喜歡的都市文化和企業生態系基礎建設。因為單一市中心生活風格不可能壟斷特定區域，這點也為區域發展提供了新的機會，如同紐約有上東城（Upper East Side）、西村（West Village）、布魯克林等各式各樣的市中心生活風格共存，首爾也提供了像弘大、聖水洞、梨泰院等獨樹一格的生活風格。

　　市中心生活風格需要多元的都市文化。以原有文化為基礎的生活風格必須培養有區隔性的競爭力來發展都市和產業，韓國都市中最具代表性的例子就是濟州。在首爾無法體驗到的自然主義生活風格，正是濟州成長的原動力。媒體的力量讓濟州躋升為生活風格都市，例如二〇一〇年將濟州文化描寫得非常有魅力的電視劇《人生多美麗》、二〇一一年歌手李孝利移居濟州島等。

　　生活風格所提供的機會不只是觀光產業，各地方都市也以地區文化為基礎開拓新的地區產業，例如濟州的化妝品、綠

茶、智慧觀光、江陵咖啡、釜山魚板產業等。

　　和首都圈相比物資較為不足的非首都圈都市，也以不一樣的生活風格來吸引未來的人才，藉由他們來挖掘具有競爭力的未來產業。

　　現在市中心生活風格已成韓國經濟的未來。韓國嚮往的全球先進國家都已經以能夠創造市中心生活風格的創造產業、文化產業、環境產業，享受著高所得和富裕的生活品質。文在寅政府意識到價值變化的重要性，提出了以人為本的經濟展望，而非以企業為核心。但是以人為本的經濟，其真義並非將所得重新分配，提高社會弱勢群體所得，而是由提高生活品質和個人自我實現來創出新的產業和工作機會。

　　以人為本的經濟的第一個實現場所便是都市。透過都市更新和地區分權事業，政府必須讓韓國都市重生為提高個人創意力和社會責任感的市中心生活風格都市。

在弘大出現的產業

弘大對我來說是產業園區，把弘大當作娛樂場所的人恐怕不會產生共鳴。對他們來說，弘大有許多便宜的夜店、酒吧、餐廳、服飾店，所以只不過是年輕人可以享樂的消費空間。

喜歡弘大文化的獨立性、自由和多元性的人，會覺得弘大是個怎樣的空間呢？對他們來說弘大也只是療癒和思考的地方，並非創造生產和工作機會的產業現場。《弘大前巷弄》的作者楊素英在書中提到，弘大是「為尋找獨特個性賦予價值的地方，讓人習慣展現原本自我」的相當私人的空間。

弘大具代表性的產業之一是出版業。

　　但是弘大顯然存在核心產業。這裡和首爾其他以商業為主的巷弄商圈不同，形成了一個產業園區。此地開發出了觀光、音樂／娛樂、文化藝術、設計、出版、影像、IT 等許多產業，創造新的文化和商機，成為在一個地方同時進行生產、居住、娛樂活動的創意型產業園區。

　　最能明顯感受到弘大是產業園區的領域是觀光產業。弘大是深受國內外年輕遊客歡迎的觀光勝地，二〇一六年甚至被選為中國觀光客最喜歡的熱門景點。弘大有很多吸引遊客的要素，例如外國人喜歡的青年文化、搭乘機場鐵道即可從仁川機場直達首爾市中心的可及性、各式各樣的異國料理餐廳、民宿等為了外國遊客所打造的便利設施，都是弘大的優勢。

YG娛樂總部（首爾合井洞）。

　　以獨立音樂為基礎成形的音樂／娛樂產業也是弘大的產業。文化政治學者李茂鏞說可以從獨立音樂來尋找弘大的整體性，地區的整體性是以音樂和聽覺為中心而變。若分析產業分布，弘大地區和江南一帶皆同時以有聲出版和原版錄音產業展露頭角。現在以 YG 娛樂（以下稱 YG）為首的十幾間演藝經紀公司都在弘大扎根。

　　從一九九六年起扎根於合井洞的 YG，挖掘新的獨立樂團和地下藝術家，並投資三岔口布車、三岔口肉鋪等商業設施及房地產，藉此積極宣傳自己的弘大整體性。創業者梁玄錫在弘大懷抱對於未來的遠大夢想，曾明確表示雖然自己並未公開過那個夢想是什麼，但是發生的場所絕對是弘大。

　　弘大和其四周等同於孕育我的音樂的胎盤和故鄉。它塑造了今天的我和 YG，也提供了相當於韓國歌謠界土壤的獨立音樂和地下音樂界的潛力之星得以繼續奮鬥做音樂的場所，在這裡有我想完成的心願。

　　──孫南源，《YG 就是不一樣》（大田出版，二〇一六）

　　弘大的文化藝術產業一直以來都是以 KT & G 想像庭院、山音小劇場、B-BOY 專用劇場等小劇場為中心發展。Lezhin Comics V-Hall、Yes24 Music Hall、West Bridge 等表演空間也

在弘大產業中占有一席之地。

藝術與設計領域和獨立音樂一樣,也是弘大整體性重要的一環。隨著工作室、補習班、畫廊進駐以美術大學聞名的弘大周邊,弘大的巷弄文化便開始發展。弘大的藝術基礎設施成了設計產業的基石,讓弘大地區現在也聚集了許多設計公司。

根據首爾市報告,集中在延南洞、西橋洞、合井洞、西江洞等弘大區域的產業是專業設計產業。室內建築和營造業的核心地區在延南洞和合井洞,而廣告業的核心地區在合井洞和西江洞。設計產業中未往弘大地區集中的業種只有建築工程與相關技術服務業。

弘大也是韓國具代表性的出版業園區。首爾市指出弘大地區和鍾路、江南一帶同為書籍雜誌和印刷出版業群聚最密集的地區之一。創批、文學村、茶山 Books 等大規模出版社即使總部在坡州出版城,卻還是在弘大地區建立基地,經營讀書咖啡廳(book cafe),使地區文化更加豐富。

隨著與弘大相鄰的上岩洞建立了媒體產業園區,影像、媒體業者也在弘大地區創業。首爾市合井洞、西江洞、延南洞被劃分為電影影像、電視節目製作和發行業聚集的地區。

如都市學家理查・佛羅里達所預測,弘大獨特的都市文化和穩定的巷弄商圈正扮演著吸引新興創意人才和創造產業的角色。藝術家、建築師、出版人等文化產業的從業人員創造出

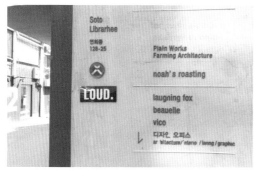

上：AEKYUNG設計中心（首爾延南洞）。
中：由出版社創批所經營的創批咖啡廳（首爾望遠洞）。
下：進駐延禧洞巷弄商圈的創造產業企業。

鮮明的地區文化整體性，巷弄商店的老闆則提供獨立書店、餐廳、咖啡廳等年輕世代喜歡的都市寧適設施。

最近創造弘大文化和產業的新興產業是 IT 和軟體。IT ／移動通訊企業主要集中在合井洞、西江洞。除了首爾市中心、江南一帶，弘大是資訊服務企業唯一聚集的地方，軟體業也以合井為中心成長中。首爾市和麻浦區為了使 IT 產業茁壯，設立了創業孵化中心弘合谷（Honghap Valley），支援弘大地區大學的創業計畫等，為了建立創業生態系而努力。

為了促進聚集多元產業群的弘大地區發展，首爾市的標竿學習（benchmarking）對象是德國的柏林。柏林藉由結合自由奔放的文化和新創企業，成為歐洲的矽谷。柏林的年輕藝術家在音樂和藝術領域創造了前衛藝術都市文化，並以此為基礎吸引創意人才，是弘大很好的參考模型。

但是首爾市需要再三思考，以人為的方式在弘大建立新矽谷，是否是一件符合弘大風格的事。以弘大整體性為基礎來培植產業，成功的可能性反而更高。首爾大金秀娥教授表示，弘大是「以獨立音樂為中心，自主創造次文化的重地」。那麼獨立音樂的發展和應用應該是弘大發展的優先順序。

美國奧斯汀（Austin）是和弘大類似的音樂都市，利用獨立音樂基礎設施舉辦全世界最大的音樂祭 SXSW（South by Southwest）。一九八七年的 SXSW 以獨立音樂祭為始，二

○○○年代起成為電影和互動產業加入的國際性高科技／娛樂慶典。弘大也應該考慮類似的策略。弘大擁有亞洲都市之中獨一無二的大規模獨立音樂基礎設施，若能在此舉辦像 SXSW 一樣的高科技產業慶典，自然而然也會發展為音樂和 IT 產業的平台。

弘大所具有的另一個整體性是另類文化（alternative culture）。在韓國，若江南代表主流社會的物質主義，那麼弘大就是標榜不同於物質主義的後物質主義。社會企業家姜道賢表示「弘大是運動和事業可以共存的空間」。建築師金鎮愛也曾評價自己遇過的弘大人，「他們有著清晰的獨立精神，絕不拋棄獨立精神，即使被貼上邊緣人的標籤，也仍堅守信念，以地下精神武裝自己，不管別人說什麼都要做自己真正喜歡的事的一群狂熱分子」。

江南和弘大的明顯差異表現在商業街的組成。江南街頭林立高級餐廳、精品店和名牌店等滿足上流社會需求的商店，反之弘大則是以獨立音樂、街頭表演、獨立書店、獨立品牌、實驗藝術等追求另類文化的空間所組成。

在權威主義盛行的亞洲，很難找到像弘大這樣的另類文化重地。對於渴望有個性、自由、獨立性的亞洲年輕人來說，弘大可以成 自由和解放的象徵。從哈雷（Harley-Davidson）、維珍（Virgin）、迪賽（Diesel）等標榜「叛逆分子」形象的國際

上：奧斯汀市中心隨處可見的音樂產業紀念品。
下：美國另類文化的代表品牌哈雷。

品牌大獲成功，即可看出另類文化素材絕對有產業化的潛力。

　　首爾市和麻浦區需要著手進行的是將目前弘大的產業潛力極大化。首先要加強弘大的地點行銷，讓外國遊客認為弘大品牌等於魅力獨具的獨立文化和充滿創意的藝術文化。

　　支援開發音樂／娛樂產業的附加服務也是很好的策略，可以開拓從角色、主題公園、時尚等弘大文化衍生而來的新商業。經紀公司 SM Entertainment 在三成洞 COEX 開設的 SM Town Artium，提供大眾體驗 SM 旗下歌手的音樂，同時也販售印有歌手肖像的商品。SM Town Artium 販售這些因韓流而生的商品和服務就是很好的例子。

　　政府也必須積極考慮培育地區的生活風格產業。活用弘大的象徵、弘大的明星所享受的生活風格，作為新興事業的素材也是方法之一。YG 進軍化妝品、餐飲、時尚產業也是弘大生活風格產業的一種。

　　最重要的是努力打造地區的基礎建設，例如教育、住宅、醫療等，讓弘大地區成為創作人才想居住的地區，創作人才才會聚居於此。而他們所追求的生活風格透過在地消費，自然而然就會成為新興地區產業的基礎。

　　弘大是觀光、文化、創意、生活風格等多元領域中創造企業和產業的都市產業發電所。我們應該尋找新的成長動力，不該侷限於製造業的思維，而忽視了弘大的產業潛力。

　　產業研究院研究委員洪振基稱弘大這樣的產業生態系為複合產業園區。他表示「將生產機能、居住機能、研究機能、工作機能、商業機能等各種機能吸引到特定空間，進而創造出集合利益」的空間就是複合產業園區。

　　逐漸衰退為工業社會遺物的傳統製造業產業園區，是和複合產業園區對比的概念。若我們想要屏棄製造業產業園區，建立追求生產和生活在同一個地方的創意產業生態系，不必在別的國家苦尋這種模式，弘大即是我們應該建立的創意產業園區模範。

《紐約時報》推薦釜山的理由

反映新旅行潮流的句子：「旅行即生活。」

　　憂心低增長的韓國社會認為觀光產業是新的增長動力。觀光產業平均占先進國家 GDP 的 10%，韓國僅占 5%，明顯低於先進國家。從這點來看，韓國觀光產業還有很大的潛力。

　　重要的是策略。究竟我們是否還能以像現在一樣的宣傳和觀光景點開發為主的策略，活化韓國國內旅遊呢？從目前的成果看來，成功的可能性並不樂觀。因為即使政府投入努力和投

資，國內旅遊似乎也不見熱絡的跡象，反而本國遊客變得更喜歡海外旅遊。原因在於性價比。本國遊客之所以一致不選擇國內旅遊，正是因為品質和價格不成正比。

二〇一七年初從紐約捎來了好消息，《紐約時報》二〇一七年推薦必去的五十二個景點之一就是釜山。是因為大海和海水浴場嗎？當然不是。釜山雀屏中選的原因是其作為都市旅遊景點的魅力。此外，遊客在釜山還可以體驗各種類型的旅行，如小都市旅行、巷弄旅行、主題旅行等。

旅行潮流正從自然和歷史轉向都市文化。二〇一七年《紐約時報》推薦的五十二個地點中，有二十六個是都市，十二個是自然觀光景點，還有十四個地區是國家。雖然追求獨特體驗和共鳴的都市旅遊對喜歡到名勝景點旅行的中老年人來說有些陌生，但是在年輕人之間已是普遍的旅行方式。

Travel Code 的代表李東振以尖端的智慧旅行來表達都市旅行趨勢。都市遊客想要的不只是單純地遊覽特定觀光名勝，而是想要享受每座都市獨有的旅遊內容。

透過手機 APP 發現隱身於都市各個角落，專屬於自己的旅行目的地，在社群媒體上分享自己拍攝的照片和影像，如同日常生活般四處旅行。

都市旅人喜歡別人不知道的私藏景點，所以不會只選擇一線都市，反而會往二、三、四線，還有小都市去。一線都市對

上：釜山的新巷弄旅行景點，影島白險灘文化村。
下：可在釜山享受到的電影主題旅遊。

大部分的遊客來說都是已經去過、體驗過的地方。釜山作為韓國二線都市,當然值得成為《紐約時報》的焦點。

《紐約時報》推薦的釜山旅遊景點是田浦咖啡街,而不是推薦整個釜山。看來都市旅人關注的並非都市而是一個社區。造訪紐約的潮流先驅也不再說自己要去紐約,而是說要去布魯克林、蘇活、西村、南布朗克斯。對都市旅人來說在一個社區深度旅行,就算一個星期也不夠。

《紐約時報》簡短地介紹以電影和設計為主題的釜山旅遊。雖然釜山以電影都市聞名,但是最近釜山設計節(Busan Design Festival)、釜山設計報(Busan Design Spot)、田浦咖啡街等設計相關設施和活動正受到矚目。

對於其他都市,《紐約時報》也是強調該都市的主題旅遊。例如二〇一七年被選為世界名勝的波特蘭主題就是飲食。波特蘭是文青的旅遊勝地,報導不只介紹好吃的甜甜圈,還介紹了拉麵連鎖店、美食街 Pine Street Market。其他推薦都市景點,如牙買加京斯敦的主題則是音樂,《同一個世界:斯卡與洛克斯代迪音樂祭》(One World Ska & Rocksteady Music Festival)和迴響貝斯(Dubstep)音樂派對等都是文中推薦體驗的活動。

那麼除了釜山以外的其他韓國都市也能成為熱門的都市旅遊景點嗎?可惜以都市旅遊景點受到矚目的韓國都市並不

多，二〇一〇年以後《紐約時報》推薦年度必訪的韓國都市僅
有首爾（二〇一〇年、二〇一五年）、平昌（二〇一六年）、釜
山（二〇一七年）。

　　既然如此，韓國國內觀光的活絡策略很簡單，那就是以都
市旅遊一決勝負。都市文化在韓國觀光業中比自然歷史遺跡更
具優勢。因為濟州、慶州、安東這些以自然歷史為重點的旅遊
景點，都還未獲得《紐約時報》推薦為最值得去的景點，或是
推薦為三十六小時玩轉專欄的主題。考慮到這一點，若這些都
市能將原本的自然歷史融合都市文化和巷弄文化，或許會有不
同的結果。

札幌的巷弄商店。（照片提供：毛宣娥）

DAY1		DAY2		DAY3	
時間	地點	時間	地點	時間	地點
15:00	都市公園	10:00	藝術主題公園	11:00	烘焙咖啡館
19:00	烤雞肉串餐廳	12:30	醬油拉麵店	14:00	高爾夫公園
22:00	手工啤酒吧	14:30	購物中心		體育博物館
		16:00	巧克力咖啡廳		
		17:00	地下畫廊		
		19:00	天婦羅餐廳		
		21:00	屋頂夜景		

《紐約時報》三十六小時玩轉札幌的推薦行程。

　　我們來看看《紐約時報》每週推薦的都市旅遊目的地的路線。二〇一七年推薦過的日本札幌市，以十二個札幌景點組成三十六小時的都市旅行路線。

　　仔細看這份推薦路線，會發現很有趣的事實。這十二個場所中沒有任何一處是傳統文化遺跡或自然名勝，美食店、酒吧、咖啡廳等飲食相關地點反而足足有七處。此外，文化藝術設施有三處，購物中心一處和休閒娛樂設施一處。

　　這些商業設施的共通點就是都具備匠人精神和在地特色。以餐廳來說，推薦了很多以札幌當地食材入菜的地方。因為都市旅人要的是其他都市品嚐不到的食物、找不到的商品，還有獨具的體驗。但這不代表就可以忽視國際都市該提供的普遍都市寧適設施，提供符合其他國際都市水準的啤酒、甜點、零食

等餐廳也包含在內。

我們喜歡把觀光資源投入限定的文物、自然景觀，但是對劇增的都市旅人來說，重要的觀光資源是便利的大眾交通、走起來舒適的街道，以及特色商店和熟悉的品牌共存的商業設施。那麼地方政府最優先的課題不言自明，首先最該做的事是替都市旅人擴充大眾交通網絡，以及打造讓人會想要漫步的街道和村莊。

地區都市有很多外國人喜歡的都市文化和整體性文化共存的社區或村莊，但是受限的大眾交通網絡和違法停車車輛占據街道，妨礙了都市旅遊的發展。

住宿設施的擴充也是重要的課題，目前大部分的地區都市還沒有能讓一家人住得舒服的住宿設施。新羅飯店、樂天飯店雖然開設了副品牌飯店，但是數量還不多。連在地區大都市才找得到的高級飯店，通常也都地處聲色場所居多的街道，不僅是家庭，就連朋友或戀人進出都覺得尷尬。

保有當地飲食傳統的美食店情形相對來說較好，但是為了吸引外國遊客和都市旅人，需要大規模的投資。除了部分大都市和觀光都市是例外，幾乎所有小都市都不具備符合這些旅人所期待的飲食文化基礎建設。外國遊客找不到星巴克、麥當勞等熟悉的國際品牌也是個問題。地方政府必須透過有吸引力的政策，將咖啡廳、美食店、獨立書店、工坊、民宿、畫廊等都

市旅人喜歡的商業設施帶入巷弄商圈。有別於消極地引入商業
設施的地方政府，大企業旗下的百貨公司在開發大型購物中心
時，都會將招攬知名美食店和品牌作為最優先推動的工作。

　　地方政府帶著過時的思考方式，把自己的角色侷限在為觀
光景點和巷弄地區提供廁所、標示牌、停車場、美術館等公共
設施和整理街道容貌。知道要提供財政支援、放寬限制等各種
特惠吸引大企業來當地設廠，卻忽略了應該吸引從長遠看來對
地方經濟更重要的商業設施。

　　開發地區特色也很重要。政府最近為了發展主題旅遊，開
始規劃「韓國主題旅遊十選」事業。從全國選出十個地區，開

韓國主題旅遊十選展示廳。

發最能體現各區特色的觀光路線，而且積極建構可加強各觀光景點之間的連通性和可及性的基礎建設。此外，地方政府透過日出聯盟[1]維持合作關係，力求地區文化諮商、以公共設計打造幸福空間、傳統表演藝術活動支援等現有事業之間的連結。

　　單憑觀光不可能成功，但是所有都市都能成為成功的都市旅遊景點，因為我們的生活本身就是都市的特色和觀光資源。都市觀光基礎建設的建立，是在原有的觀光資源上，為了迎接來客，進行必要的都市整理工作。消費者也要一同參與韓國國內旅行的發展，現在是時候該思考哪座韓國都市擁有適合自己的特色。

---

1. 由蔚山、慶州、浦項三座都市組成的聯盟。

為生存放棄汽車的日本小城市

　　日本作家藤吉雅春《如此精采的村落》直接稱日本富山縣的富山市為汽車都市。當你抵達富山站看見市區風景，就會發現作家的描寫一點也沒錯。因為這裡看不到日本其他都市常見的密密麻麻的街景，只會看到如棋盤般的大馬路和林立的高樓大廈。

　　富山成為汽車都市的背景來自戰爭的痛楚。歷史導覽員津村弘如此解釋富山成為第二次世界大戰末期美國轟炸對象的原因：

　　「因為立山連峰（由海拔三千公尺高的山峰組成的山脈，是富山縣的象徵）融雪後產生的豐富水資源，富山市從前便能提供豐富的電力，所以有許多軍工廠進駐，也因此在第二次世界大戰末期，成為聯軍集中轟炸的地方。」

　　因美國大空襲而毀壞的都市在戰後重建，可以說是名副其實的新都市。

　　二〇〇二年上任的森雅志市長在汽車都市富山掀起了一場改革。森市長懷疑人口減少、高齡人口劇增的富山是否還能以汽車都市生存，因為市預算有相當部分用在修理道路和

上：日本富山市的輕軌。
下：由寬廣道路和大型街區為主組成的富山市。

建設。

　　當時富山的前景一片黯淡，專家預測二〇四五年富山的人口將比二〇一〇年減少 23%，二〇三〇年六十五歲以上的高齡人口將占總人口的 33%。高度依賴汽車、大眾交通使用率減少、市中心空洞化缺乏活力、市中心可及性差而產生較高的行政處理費，以及高於其他都市的二氧化碳排放量等都威脅著富山的未來。

　　森市長選擇充滿未來展望的都市開發策略，他放棄汽車都市，選擇以大眾交通和步行為重點的緊密都市（compact city）。緊密都市是一種都市型態，指提高各種產業、住宅、便利設施等的密度，以解決因人口減少和高齡化現象所產生的現代都市問題。政府在市中心重新分配交通、醫療、政府機構等發揮都市功能的設施，讓土地利用更有效率且更多功能。為了普及輕軌這樣環保的大眾交通方式，以及抑制都市擴大的現象，政府還在市郊區培植綠地，利用自然環境強化都市原有的整體性。

　　建立緊密都市的首要工作就是拓展大眾交通。森市長於二〇〇三年發表了「啟動富山大眾交通計畫」，接連開通二〇〇六年的富山 LRT 及二〇〇九年的市中心循環線。

　　利用電力在路面鐵軌上行駛的 LRT 是從原本連接富山站到富山港的 JR 港線改造而成的新型輕軌。森市長引進了比原有

電車的維護管理成本更低，且低耗能、減少土地使用的路面電車，其特徵為輕量化、小型化車輛、低震動和低噪音，是相當適合緊密都市的交通工具。二〇〇六年三月一日廢止的 JR 港線隨著二〇〇六年四月二十九日改造為 LRT 後，八十多年來首次由虧轉盈。

　　二〇〇九年十二月擁有十三站的市中心循環線首次運行，原本橫跨都市的兩條輕軌總長各為六・七公里和三・八公里，但市中心循環線全長三・七公里，僅在市中心區域循環，強化了緊密都市的交通網絡。森市長以 LRT 和市中心循環線的建設擴充了大眾交通網絡，不僅安全、環保，也能提高市中心的可及性。

　　基於老年人口較多的都市特殊性，對乘坐汽車較不方便的富山市民來說，輕軌是很便利的移動工具。徒步或騎腳踏車就能在市中心行動也很方便，因此改善了汽車依賴度高達 70% 的富山環境問題。

　　此外，政府指定「市中心區」和「住宅促進區」的範圍，活化了地區據點。住宅促進區是指火車站五百公尺、公車站三百公尺範圍內的地區，規模約為三千三百九十三公頃。政府協助該地區成為適當規模的集約住宅、工作、商業、文化、社會福利地區，自然而然地讓人口集中，尤其是老年人口。最終，居住區內也誕生了能同時享受基本的都市寧適設施，和工作、

休閒娛樂的徒步社區。

　　政府還向高齡人士發放「單程百圓車票卡」或最高支付五十萬日幣的補助金，以及提供各種優惠措施吸引社區內的商業設施，吸引市民自由進入。打造讓市民能自主參與都市更新事業的都市，打下都市網絡的形成基礎。

　　最後政府把重點放在市中心的活絡。在都市中央建造了一座一整年都能舉辦表演的大型廣場，每年舉辦一百場以上的活動和表演。為了吸引遊客和居民到市中心，二〇一五年建造了國際級玻璃藝術美術館富山玻璃美術館，並積極利用使其成為市中心的地標。

　　森市長的緊密都市政策取得超乎預期的成功。二〇一二年 OECD 的〈緊密都市政策報告〉（Compact City Policies）將富山選為世界五大先進都市之一。報告中對富山在經濟上、社會文化上、都市美學上的效果有具體的評價，提到最顯著的效果是大眾交通使用人口的增加。二〇〇六年富山 LRT 開通後，二〇一三年 LRT 的乘客量比 JR 港線時期增加二・五倍。利用汽車或公車通勤的市民中約有 23% 的人口開始使用 LRT；

　　平日輕軌使用者人數增加了二・一倍，週末使用人數則增加了三・六倍。尤其白天使用輕軌的老年人大幅增加，輕軌的擴建也改變了老年階層的生活方式。

二〇一五年開幕的富山玻璃美術館。
©TT Studio/Shutterstock.com

因緊密都市事業恢復生氣的富山市中心。

　　前往市區的流動人口亦有所增加。二〇一一年市區步行人數比二〇〇六年增加 56.2%，二〇一一年市區閒置商店數比二〇〇九年減少 2.3%。從週末來看，市民停留在市區的時間平均為一百二十八分鐘，比汽車使用者多出十五分鐘，市民平均在市區的消費金額（一萬兩千日圓）增加了三千日圓以上。

　　以日本地方都市來說，富山在二〇一四年還能維持二〇〇五年的 42 萬人口，實屬難能可貴。因為年輕族群流入，二〇〇七年至二〇一二年間，富山市小學在學生人數增加了 12.6%。居住在市中心住宅促進區的人口也趨向成長，二〇〇

五年居住於此的人口占整體人口比例的 28%，但是二〇一二年增加到了 31%，預計二〇二五年將增加至 41%。

活絡大眾交通和市街區的市中心循環線是富山的緊密都市政策象徵，因為搭乘輕軌能夠方便地在市中心移動，在一個地區就能解決主要的工作、文化生活、購物生活等，所以人口密度提高，都市也恢復了活力。

富山市若想繼續發展緊密都市，扎實的地區產業基礎是必須的。剩下的課題便是透過建立緊密都市，提升原有產業，引進新興產業。

富山最具代表性的本土產業是製藥產業，自古這裡便以「藥」聞明。從江戶時代起富山的製藥產業發達，有很多傳統製藥業者建立的中小規模製藥廠。車站前設立的富山賣藥郎銅像也象徵其製藥產業的地位。

代表富山製藥產業的企業是，日本第一的學名藥製造商日醫工株式會社。日醫工株式會社總公司就位於富山市的最中心，由此可見其產業龍頭般的地位。為了以地區為基礎維持全球競爭力，二〇一六年日醫工以七億三千六百萬美元收購美國賽進（Sagent）等製藥公司，積極進行海外併購事業。

代表富山的另一個企業是國際拉鍊企業 YKK。雖然 YKK 創立於東京，但是主力工廠在富山。YKK 的富山整體性想必未來會更加清晰，因為 YKK 為了響應安倍政府，將支援東京企

上：富山站前賣藥郎銅像。
下：從日醫工總公司看出去的富山城。

業總公司遷移政策，將子公司 YKK AP 的總公司遷至富山近郊黑部市。YKK 因此成為第一個將總公司遷移到地方而獲得減稅優待的企業。

富山市為了將地區產業和市中心緊密連接起來，開通了連接岩瀨港和富山站的富山輕軌（Portram），同時吸引住宅、商業設施、企業投資到新興都市地區。展現出富山以大眾交通和步行為重點模式，積極吸引企業投資並活絡地區產業的緊密都市策略。

打造緊密都市的話，在各個方面都能獲得正面效果。從經濟層面來看，因高度集中開發，增加投資和就業，能確保活化都市經濟和持續發展的可能性。從環境層面來看，因為交通流量和通行距離減少，可降低能量消耗。從社會層面來看，因為生活圈集中，移動和生活變得便利，可強化社區的整體性。更重要的是，緊密都市的生活風格能夠聚集未來的創意人才。

個性鮮明且自由奔放的年輕人喜歡在同一個地區享受工作、居住、藝文生活、休閒生活等市中心生活風格。若能夠住在接近市中心附近，上下班交通便利，白天工作，晚上享受年輕人的文化，這種都市環境正是募集創意人才的重要因素。

緊密都市不僅只是單純的都市發展模式，也是一種產業政

策，能創造足以被稱作緊密都市產業的相關產業。例如發展大
眾交通產業、巷弄產業、小商工人創業等適合緊密都市的都市
產業，還有被緊密都市生活風格吸引而移居的創意人才，新創
造的創意產業等。

　　最近韓國國內也有發展緊密都市的徵兆。據說春川、大邱
等地方都市訪問富山，和森市長討論了緊密都市的策略。令人
相當好奇韓國都市從富山市吸取了哪些經驗教訓。他們認為緊
密都市只是單純的都市更新模式嗎？還是他們也有感受到森市
長對於都市生存的迫切感？對走入低成長和高齡化時代的我們

二〇〇六年通車的富山輕軌終點站（岩瀨濱站）

來說，緊密都市更像是必要的發展，而非選擇。因為除了放棄汽車，改而選擇大眾交通和步行之外的都市生存策略仍不夠明朗化。

第三章 ——

確保巷弄商圈競爭力的物理條件

阻止不了縉紳化，可以阻止複製化

紐約西村巷弄。

　　躍升為紐約和現代都市英雄的都市規劃家珍・雅各（一九一六～二〇〇六），是位平凡的家庭主婦和雜誌社職員。市面上有三本她的傳記，百老匯已經完成關於她的音樂劇，她的傳記電影也即將上映。

　　珍・雅各的最大成就，就是拯救紐約的原市中心（一八一一年都市計畫中被排除的曼哈頓南部區域）。若非她從一九

五〇年代鬥爭到一九六〇年代，現今紐約西村、格林威治村、蘇活、小義大利等曼哈頓原市中心地區，早已變成一片高樓大廈。雖然大眾對她的認識是一位市民運動家，但學界敬她為現代都市學的先驅，因為她留下了僅以大學學歷便開拓了新的學問領域，以及曾獲提名諾貝爾經濟學獎候選人等偉大事蹟。

　　但是珍‧雅各自己所屬的進步知識分子社會對她的評價非常冷酷，和寬容的主流社會評價相反。這些知識分子問，她是為誰拯救西村。因為她拼死守護下來的社區因縉紳化（gentrified）而成為全紐約——不，是全世界最昂貴的居住地區。

　　但是單方面的批評並不公平。一九六〇年代，珍‧雅各拼死阻止的不是縉紳化，而是複製化（duplication）——強制套用單一型態的都市模型。雖然她無法阻止西村成為高級住宅區，卻阻止了都更把那裡變成大型公寓村。多虧她的努力，曼哈頓南部、布魯克林中心等紐約的許多區域才能保留未經過都更的原貌。

　　許久未去的西村現在正為房地產熱氣帶來的後遺症所苦。據說五年前只需五百萬美元的社區型透天厝（townhouse），現在的成交價落在二千萬到三千萬美元。二〇一六年新聞集團（News Corporation）董事長魯伯‧梅鐸（Rupert Murdoch）以二千七百五十萬美元出售了一百四十坪大的三層透天公寓，

還成為喧囂一時的話題。

　　一聽到房價，讓人最先擔心的就是巷弄商圈。在以前未經歷過房地產投資熱的社區，不僅獨立店面經營困難，就連大企業知名品牌也是如此。

　　果然不出所料，大眾在布里克街、哈德遜街等市中心商業街切身感受到房地產市場過熱的現象。失去活力的街道，加上激增的租金，掛著「店面出租」告示板的商店滿街都是。

　　正如進步學界所批判的，一九八○年代，上流階級取代中產階級的居住縉紳化早已完成，商業街縉紳化是商業街空洞化的最後階段。

　　珍・雅各阻止的是複製化。若沒有珍・雅各的巷弄保護運動，政客和建商可能不只把西村變成都是大馬路和大街區的新市鎮，而是把整個曼哈頓都變成如此。

　　紐約是都市模式的實驗場所，不斷提供都市模式的世界首都紐約首次宣傳的模式就是新市鎮。以摩天大樓、寬闊的大路和大型街區，還有棋盤式結構、高速公路、都市和近郊公園等打造出來的世界大城紐約，是所有大都市想效仿的典型新市鎮。

　　有趣的是，不只新市鎮和都市更新（urban redevelopment），都市再生（urban regeneration）也是源自紐約的出口品。都市針對落後地區有兩個選擇：一是都市更新，拆除原有建築和城市，建立新市鎮；二是都市再生，維持原有的建築和道路，以

上：出租告示板增加的布利克商業街。
中：紐約市指定華盛頓廣場公園入口作為LOMEX的入口。
下：若按照計畫執行，LOMEX的入口將以拱門為起點，經過公園東側（照片右側）。

重新整修、投資都市寧適設施、活化地區經濟，為落後地區帶來新的活力。

　　一九一一年紐約政府在引進系統化都市計畫制度之後，便持續推動都更事業，但是讓政府踩剎車的人不是政客、媒體及學者，而是住在西村的平凡市民珍‧雅各。她所帶領的居民團體讓紐約市提議的曼哈頓下城高速公路（Lower Manhattan Expressway，以下簡稱 LOMEX）事業泡湯，為新市鎮和以都更為重點的都市開發模式帶來根本性的變化。

　　紐約歷史上登場最多次的人物是羅伯‧摩西斯（Robert Moses），他從一九二八年到一九六八年，指揮紐約 SOC [1] 事業長達四十四年，是前紐約市公園管理委員長。一九四六年十

為了拯救西村，正在開記者會的珍‧雅各。

月，摩西斯正式發表自第二次世界大戰就開始構想的夢想事業：LOMEX 建設。按計畫，LOMEX 應從一九四八年開始動工，於一九四九年完工。

　　LOMEX 是貫穿曼哈頓南部的高速公路，設計路線是從紐澤西進入曼哈頓的荷蘭隧道開始，經過曼哈頓東部的布魯克林大橋和威廉斯堡大橋，最後進入布魯克林。為了建造這條高速公路，必須拆除蘇活和小義大利，而西村、格林威治村、雀兒喜等曼哈頓南部的低密度地區皆是都更對象。一九五八年紐約市又重啟原本因內部調整問題而推遲的這項事業。

　　珍‧雅各從一九六二年到一九六八年主導反對 LOMEX 的市民運動。她組織由市民代表組成的停建 LOMEX 聯合委員會（Joint Committee to Stop the Lower Manhattan Expressway），並向市政府施壓。加上有人類學者瑪格麗特‧米德（Margaret Mead）、富蘭克林‧羅斯福總統的夫人愛蓮娜‧羅斯福（Anna Eleanor Roosevelt）、建築評論家劉易斯‧孟福（Lewis Mumford）、都市計畫律師查爾斯‧亞伯拉罕（Charles Abrams）等名人參與和支援，讓這場市民運動獲得極大的力量。

　　珍‧雅各曾展開具攻擊性的反對運動，讓她兩度以示威、占領會議場等嫌疑遭到逮補。她徹底發揮一九五〇年代參與西

---

1. 社會間接資本（social overhead capital，簡稱 SOC），意指讓經濟活動順利進行所必須的社會基礎設施。

上：指定為LOMEX起點的荷蘭隧道入口。
中：哈德遜街555號。這裡是珍‧雅各的故居，現為不動產門市。
下：獲保留為低密度田園都市的布魯克林展望公園（Prospect Park）地區。

村保護運動所習得的組織化和宣傳能力。紐約市站在與珍‧雅各主導市民反對運動之對抗立場，最終於一九六九年正式撤回 LOMEX 計畫。

珍‧雅各出生於賓州斯克蘭頓的富裕家庭，高中畢業後移居紐約，曾在幾間雜誌社擔任記者。她的最高學歷是定居紐約期間，在哥倫比亞大學修習的兩年通識學士課程。

一九五二年，她開始在建築雜誌《建築論壇》（*Architecture Forum*）工作，對都市規劃議題產生興趣。一九五四年，雅各報導批評把黑人居民驅趕到街上的費城都更事業，挑戰以都更為重點的都市計畫典範。她主張，外人眼裡也許很落後的社區，在實際走訪後，會發現那是能自主解決街坊問題，有血有肉的社區。

珍‧雅各從空間設計中，找到低密度地區存在社區精神的理由。因為她看到方便步行的巷弄小路、低密度的多元建築、街道短而相連的街區等要素，驅使巷弄社區居民互助，提高生活品質。雅各從中發現大部分通用於現代都市學的基本概念，例如「街道之眼」（Eyes on the Street），意指住在低層建築的居民，透過陽台和玄關階梯，自然而然成為監視街道的眼睛；「主要用途混合」（Mixed Primary Uses），意指生活、工作、購物等各種用途的建築物共存於同一地區；「社會資本」（Social Capital）意指巷弄社區的居民形成網路，提升都市活力的現象。

　　珍・雅各對都市經濟學的貢獻也非常大。她有系統地整理出都市設計和經濟發展的關係，確立關於都市創造能力的假說。她主張主導都市成長的理由並非單純集結生產和消費的規模經濟，而是在各個背景的行為者相互作用下產生的革新。

　　珍・雅各的都市理論透過哈佛大學演講發表，開始為學界所知。權威經濟雜誌《富比士》（*Forbes*）曾在一九五八年刊載她的一篇投稿，標題為〈市區是為人民而存在〉（Downtown is for People），讓她在都市學領域一鳴驚人。此後，她接受洛克斐勒基金會（Rockefeller Foundation）的贊助，寫下《偉大都市的誕生與衰亡：美國都市街道生活的啟發》（*The Death and Life of Great American Cities*），將巷弄創造理論發展成有體系的學問。

　　現正飽受縉紳化爭議的韓國社會，應把重點放在認識縉紳化與複製化之間的差異。紐約的歷史讓我們看到巷弄政策的目標應該擺在何處，雖然控管縉紳化也很重要，但是同時也應考慮如何防止複製化的實際對策。

　　都市政策之所以困難，是因為很難阻止成長中的都市縉紳化和複製化。我們必須從維持巷弄構造的社區和開發成大規模公寓住宅區的社區之中做選擇，也就是從縉紳化和複製化二選一。我當然是選擇珍・雅各的模式，我們必須先阻止對都市多元性和創意性有致命威脅的複製化。

又重回社區商店街的巷弄

梨花女子大學後門和延世大學東門之間的巷弄。

　　如果有人問，一九九五年首爾最具代表性的巷弄商圈在哪裡，我一定毫不猶豫回答梨花女大後門。安靜又復古的街道，有其他地區難得一見的高級韓式料理餐廳、咖啡專賣店、法國餐廳、披薩專賣店，當時那的巷弄商圈和一般的繁雜商圈有很大的不同。

　　然而二十多年後的今日，梨花女大後門只是平凡的社區商

業街。雖然還保有部分迷人樣貌，但是已非足以吸引觀光客前來，充滿魅力、小巧可愛的巷弄商圈了。二〇〇〇年代中期以後，延南洞和延禧洞的巷弄商圈快速成長的同時，梨花女大後門已默默回歸一九八〇年代的位置，即主要為當地居民使用的社區商圈。

這段期間梨花女大後門發生了什麼事？二〇一三年後，首爾的其他巷弄商圈之所以衰弱，並非縉紳化急劇發生所導致，其根本原因還是在於競爭力。二〇〇〇年代中期後，弘大商圈一擴張，商圈也暴露出空間結構孤立這點致命弱點。

梨花女大後門商圈的歷史，可以追溯到一九八〇年初期。一間名為「石蘭」的韓定食餐廳於一九八一年在梨花女大後門

韓式餐廳「石蘭」的門口。

的大街上開幕，標榜自家是「提供韓國傳統韓定食且有品味的餐廳」，這也是該地區商圈化的開始。繼石蘭之後，一九八四年，「瑪麗」在此社區落地生根，以富有個性的餐點為基礎，開發了清爽且上菜方式簡化的韓式套餐，對韓式料理發展相當有貢獻。一九九〇年代中期，還有談笑苑和芳菲苑的加入。談笑苑是一九九五年開張的冷麵及烤肉店，芳菲苑則是一九九六年開始營業的成吉思汗烤肉料理餐廳，其經營者是開在梨花女大前、歷史悠久的小吃店「加味」的老闆。

隨著高級韓式料理餐廳入駐，咖啡廳和西餐廳也陸續在此開張。一九九二年在狎鷗亭洞開幕的韓國第一間蛋糕專賣咖啡廳 La Lee，於一九九七年在梨花女大後門開張二號店，與咖啡專賣店 Dallmayr、法國餐廳小法國，共同為梨花女大的巷弄增添古色古香的歐洲色彩。

一九九五年竣工的五層雙胞胎建築西風松大廈（Haneesol Building）對街道的變化也有貢獻。談笑苑、咖啡廳 La Lee 還有披薩專賣店 Jessica、Pizzeria 等都進駐這棟建築。芳菲苑、談笑苑、瑪麗、小法國、咖啡廳 La Lee 當時都是江北（漢江以北地區）難得一見的高級餐廳和咖啡廳。

二〇〇〇年代後期，品味獨具又浪漫的餐廳接連創業，義法混合料理餐廳 Zino Francescatti、三明治專賣店 Lord Sandwich、派塔專賣店 La Bonne Tarte 等獨特的商店也坐落於

此，讓梨花女大後門成為巷弄商圈的先驅。

梨花女大後門巷弄的崛起，與充滿文化和感性的商店整體性有關，也是這些商店選址的條件。一九七〇年代，該地區曾是延世大學和梨花女大教職員聚居的高級安靜住宅區，但這裡之所以能發展成商圈，亦多虧一九七九年金華隧道的開通，在光化門附近工作的公務員和上班族只需要五分鐘內的車程就能抵達。此外，附近有許多醫院和教育機關，如延世大學醫院（Severance Hospital）、延世大學、梨花女大等，亦有利於吸引商業設施遷入。

躋身為巷弄商圈先驅的梨花女大後門，在二〇〇〇年代後期迎來意想不到的挑戰，那就是迅速成為其競爭商圈的弘大。

弘大商圈擴張到延南洞、延世大西門地區的延禧洞。原本延禧洞是安靜的住宅區，二〇一〇年代初期開始成為媒體關注的熱門地點。這個社區的地標 Saruga 購物中心後的小巷「延禧路十一街」是該商圈的核心地段。

二〇〇〇年代初期，最先在延禧洞落腳且設計簡潔的早午餐店 Cafe Vincennes、改造獨棟住宅的咖啡廳 Jennie's Coffee House、小巧溫馨有氣氛的義式餐廳 Mongone、早午餐美食店 Ellie、能感受到咖啡魅力的 Manufact Coffee 等都受到專家好評而成長茁壯。延禧洞可說是弘大商圈擴大的最大受惠者。

隨著弘大商圈崛起，受到打擊最大的地方，就是長期主導

延世大學商圈的新村。直到一九九九年代，和明洞、鐘路同為江北三大商圈的新村，以新村布魯斯、向日葵、韓榮愛的活動舞台作為七〇八〇年代的文化核心；二〇〇〇年代年輕人的時尚文化移往弘大，新村則倒退為上班族的遊樂場所。

　　梨花女大後門也難免受到弘大擴張的影響，若仔細回想，這個地區一直持續發展；開始出現徵兆的時機點，應該是芳菲苑歇業的二〇一〇年。這裡曾是延世大教職員最常來的地方，甚至還有「延世大學教職員廚房」之稱，最終卻因經營困難而關門大吉。

　　此後，身為該地區支柱的瑪麗和石蘭，也在芳菲苑之後相

新村延世路上的大賣場和連鎖店正在增加。

繼關門。瑪麗餐廳頂讓給其他業者，石蘭則是停止營業並出售建物。二〇一六年，連咖啡廳 La Lee 都抵擋不了這波地區商圈的波動而歇業。隨著咖啡廳 La Lee 的倒閉，一九九〇年代帶領梨花女大後門全盛期的商店，就全都消失了。

梨花女大後門（延世大學東門）、新村（延世大學正門）、延禧洞（延世大學西門），這三個地方是以延世大學為中心形成的商圈。從整體商圈的發展趨勢來看，延禧洞的品質優於其他兩個地區，這裡成為大家口中的「美食巷弄」而備受矚目，提供優質料理和有特色的餐廳增加；相反，新村和梨花女大後門的連鎖店正在增加。二〇一二年以後延禧洞的業者數亦持續增加，其他兩個地區卻停滯不前。

延禧洞之所以崛起，其獨特的文化性格功不可沒。大眾都知道長久以來延禧洞居住許多藝術家，進入二〇〇〇年代後期，隨著 THE MEDIUM、CSP111 ArtSpace 延禧洞計畫、延禧洞文學創作村等活動站穩腳步，這裡也成為文化的中心地。最近準備在延禧洞巷弄內開設工作室的工藝家也增加了。

一位守著梨花女大後門的商店老闆說：「延世大學校區內開設了商店街，這一區的商店又不團結，於是這裡就沒落了。」語氣中透著艱難。正門的商人都怪罪於首爾市二〇一四年展開的大眾交通專用地區事業。隨著連結延世大學正門和地下鐵二號線新村站的延世路改成人行專用道，光顧巷弄商店的客人也跟著大幅

工坊、畫廊、獨立書店櫛次鱗比的延禧洞巷弄商圈。

減少。然而，延禧洞競爭力高的原因要從更根本的地方找起，梨花女大後門、新村和延禧洞的最大差異在於空間設計。

　　從結構上來看，新村並不是讓人想走的街道。雖然大眾交通專用地區事業完成後可能會有所改變，但是目前這裡還只是大賣場和連鎖店，狹窄巷弄和汽車混雜的典型街邊商圈。

　　梨花女大後門就像一座孤島，被山丘（鞍山）、高架橋（奉元高架車道）、大型建築物（延世大學醫院、延世大學和梨花女大校園）環繞，導致其他地區的流動人口難以抵達。以建築物為主的商業街結構，讓小巧精緻的巷弄商店難以進駐

這一帶。最大的侷限是巷弄資源的不足。這裡的主要幹道為城山路，鄰近大型高架橋和梨花女大校園，從城山路兩側延伸出來約三百公尺長的延世大東門路是唯一可以形成商圈的地方。反之，延禧洞用走的就能通往延南洞和弘大，往來容易。於是小而有個性的商店陸續進駐租金低廉的居住專用區巷弄。延禧洞作為首爾所剩無幾的大規模獨棟住宅地區，散發出的獨特寧靜和優雅氣氛是其特徵。

我們可以從梨花女大後門商圈的沒落，得到兩個教訓：

第一，巷弄商圈是由需求、供給、市場競爭決定單位商圈興衰的產業。若將首爾所有的巷弄商圈當作一個產業來看，單位巷弄商圈即包含在此產業中。即使未受到大規模的縉紳化波及，梨花女大後門仍然沒落，這終究也是巷弄商圈之間的競爭結果。

第二，巷弄商圈的成功關鍵在於空間設計。尤其擴大和其他區域間的連結道路或大眾交通基礎建設最為必要。以梨花女大後門為例，受限的巷弄資源和低可及性是與其他商圈競爭時的致命缺點。

縉紳化絕對是所有巷弄商圈必須克服的重大威脅，但是梨花女大後門是縉紳化時代前就已經沒落的例子，最終決定巷弄商圈興衰的還是競爭力。未來巷弄商圈將不斷增加，競爭也將越演越烈，擴張性、可及性、整體性、多元性等巷弄商圈的根本競爭力，將成為重要的成功要素。

星巴克的影響力

美國西雅圖星巴克一號店。

　　都市再生是將落後的舊市中心變成居民和年輕人都想居住的地方，但這並不簡單。因為短時間內很難解決舊市中心的問題，和提供工作機會、文化基礎建設、大眾交通等市民想要的都市寧適設施。不管地方的舊市中心再怎麼努力，也不可能一夜之間就提供首爾等級的表演、藝術展示、購物環境。不管是世界的哪裡，中央和地方都市的文化資源總有落差。

　　但是年輕一代喜歡的巷弄商業設施就不一樣了。若地方社會稍加關注，原市中心也可以形成如林蔭道、弘大、三清洞一樣琳瑯滿目的巷弄商圈。已經有很多地方都市，如大邱、釜山、群山、全州、統營等都以有個性的巷弄商圈吸引國內外的觀光客前來。

　　若想盡快打造出有吸引力的巷弄商圈，最實際的對策就是吸引具有擴大商圈效果的大型據點商店入駐。成功的巷弄商圈之所以景氣不好也能持續吸引流動人口，就是因為有據點商店。今日在韓國零失敗的據點商店，正是年輕消費者喜歡的咖啡專賣店星巴克。

　　地方都市之所以需要打造巷弄都市，是因為巷弄商圈環境的成長潛力高。可以開發的巷弄資源多，可以推動為都市再生事業的一環，而且打造成本也不高。問題在於能有創意地開發巷弄的企劃者，以及能開設有個性的巷弄商店、咖啡專賣店、烘焙坊和餐廳的小商工人人才庫，因為韓國國內擁有這種能力的人才不多。除非政府大規模投資，一舉擴充成熟的小商工人人才庫，否則左右巷弄商圈成功的人力資源就會出現供給困難。

　　克服這種限制的對策就是吸引據點商店到地方都市的巷弄。咖啡專賣店這樣的巷弄型連鎖店和威脅傳統市場、巷弄商圈的大型超市不同，反而能刺激巷弄經濟。

　　上述提及的據點商店星巴克就是代表性的例子。已有若干研究證實，若是當地有星巴克進駐，四周的房地產價格就會跟著漲價。根據美國最大的線上房地產資訊網 Zillow 的研究，一九九七年到二〇一四年間一般住宅的平均地價漲幅率為 65%，但是星巴克附近的住宅高達 96%，兩者相差懸殊。

　　星巴克的進駐也會為周邊其他商店帶來好處。二〇〇〇年代初期，星巴克開始在整個美國展店，許多獨立的咖啡專賣店都將星巴克視為威脅而反對。結果卻令人出乎意料，星巴克四周所有的商店銷售全都跟著成長。星巴克在內布拉斯加州奧馬哈市中心的六間門市同時開幕後，市中心所有商店的銷售皆成長了 25%。

　　星巴克的影響力和其他連鎖店也有所區隔。根據 Zillow 的研究，Dunkin Donuts 附近住宅的地價漲幅僅 80%，比星巴克低 16%。星巴克最大的威力是為商圈帶來更多流動人口的品牌力，來星巴克的客人自然會走訪附近的商店，產生刺激整體的外溢效果。觀光客也喜歡有星巴克的地方，因為只要看到星巴克的招牌，即代表該地區的水準受到一定的肯定。

　　暫且不論星巴克的諸多優點，其存在本身即有益於商圈。多虧星巴克象徵的品格，使房地產也跟著水漲船高。有競爭力的獨立商店不需害怕星巴克進駐，因為若太多人來到星巴克，消費者怕擠，自然會去找其他咖啡廳。而且就算是星巴克也無

策略。星巴克是出了名徹底分析商圈再決定是否開設門市的企業，只會選擇商圈發展成熟的地區展店，並不認為進駐落後的商圈以扶植該商圈是自己的角色。

　　若政府和星巴克能意識到都市再生對地區經濟和都市未來有多重要，兩者都需要觀念的轉換。政府必須擺脫引誘商業設施並非政府角色的刻板觀念，在建設觀光園區、文化地區和都市再生的事業當中，政府的角色侷限於對道路、便利設施、公共設施等基礎建設的支援，而商圈開發和建物買賣是建設公司的責任。

　　若政府難以直接支援，和民間團體合作也是個方法。例如鞋類零售企業薩波斯（Zappos）引進年輕人喜歡的商業設施，重振美國拉斯維加斯市中心，阿拉里奧美術館（Arario Museum）亦以類似的方法讓濟州舊市中心再生。兩者都是透過引進商業設施達到都市再生的民間業者典範。

　　幸好最近建設業界也開始改變了。不再只是承包建設工程，甚至攬下竣工後的經營業務，將角色轉換成開發商。已經有一部分建設公司向類似星巴克，能夠引起商圈擴大效果的大品牌招手，欲努力提高商業街價值。

　　最重要的是，負責地區開發的領導人要意識到商業設施組合的重要性。必須擺脫蓋好商業建築，消費者自己會主動找上門的被動思考。地方政府必須有體系地設計好商業設施的組

合，以提供追求個性和多元性的消費者和觀光客想要的商品和服務。現在正是韓國必須將據點商店效果，即星巴克影響力極大化的時候。

「路」就該當成「路」來評價

「首爾路七〇一七」是變身為人行道的首爾站高架道路。

　　中央站周邊集中了六個社區，西邊三個地區是有部分商店和手工業進駐的落後住宅區；東邊三個地區屬於高樓林立的商業地帶。被十條車道和鐵路分開的六個地區，幾乎不可能靠步行互通。沒有人步行的都市街道簡直和沙漠無異。連接東部和西部的唯一通道是高架道路，由於長久以來都有安全上的疑慮，即將被拆除。以上是適合在都市再生事業課堂上討論的好

例子。教授若問學生該用什麼方法拯救這個地區，究竟學生會提出什麼方案呢？

　　即使是出色的建築師或都市更新專家，也很難提出方法讓埋沒於建築林立的鐵道地區變成充滿活力的都市空間。在學生充分討論自己提出的方案後，教授會公開實際被政府採納的方案。比較自己提出的方案和實際被選擇的方案，正是研究案例的魅力所在。雖然學生應該會因為沒有正確解答的問題感到很困擾。

　　教授公開的正確解答是（也就是政府實際上選擇的方案）建造高架公園。保留高架道路，將其改造成人行道和公園，是首爾市長選舉候選人所提出的政見。該候選人當選後，將其付諸實現了。現在學生們的反怎麼樣呢？他們對高架公園這個解答表示支持嗎？

　　首爾市民應該能看出來這個實例是朴元淳市長的首爾路七○一七計畫，市民是該計畫的評價者，評價亦在進行中。朴市長自提出高架公園後便爭議不斷，即使二○一七年五月開通後也一樣。

　　首爾是否真的需要首爾路七○一七？在無數的評價中，最引人共鳴的是某位首爾市公務員的發言。

사람 길이 열리면
경제가 살아납니다

上：在首爾路七〇一七舉行的有趣文化活動。
下：首爾市提出的首爾站高架公園宣傳海報。
　　（海報文案：人的路開了，錢才進得來。）

「希望大眾將首爾路七〇一七的重點擺在（人走的）路上，而非公園。首爾路是以人為本的都市政策的第一步，車子行駛的路變成人走的路，政府也計畫在周邊地區打造方便步行的道路。」

沒錯。我們將爭議的重點擺在公園，卻忘了首爾路是人走的路。若首爾路是一條好走又有其必要的路，那們就應該肯定它存在的意義，至於它是否是座成功的公園則是其次。

再想想看，我們真的需要首爾路嗎？首爾站是首爾的中央站，所以外部的可及性非常好，不但是鐵路中心幹道京釜線的終點站，亦是機場線、地鐵，以及公車轉乘的交通要地。

統整首爾站周邊地區的最大障礙是內部的連結性。由於沒有內部通道，首爾站周邊六個地區就像是六座孤島，各自獨立，但首爾路七〇一七開通後連接了這些地區，尤其是這條路連結首爾站往明洞的中心道路，提供了利用機場鐵道進入市區的外國遊客舒適的人行道。

讓我們想像一下，未來若追加推動人行道事業，首爾站附近將蛻變成適合步行的地區。在首爾站下車後，徒步即可抵達南大門和明洞，我們還需要羨慕日本人在東京站下車後，就能走到皇居、銀座嗎？若觀光客能同時享受西部地區，如萬里洞、青坡洞、中林洞等地區的觀光資源，首爾站四周也可以成

為僅次於光化門的首爾代表旅遊名勝。

　　長期來看，關鍵在於活化地區的效果。首爾市的首爾站高架公園宣傳海報上的文案「人的路開了，錢才進得來」感性地主張高架公園是人走的路，也能拯救首爾站周邊的經濟。

　　「人的路」即「經濟的路」此話不虛，流動人口若增加，拜訪路邊商店的人也會增加。按首爾市的主張，我們擱置首爾站太久了，被車道環繞的鐵路車站潛力完全無法滲透到周邊地區。為了拯救首爾站及其鄰近地區，必須將車道改成人行道。

　　但是正如從光化門廣場的建造和清溪川復原事業所看到的一樣，「人的路」不會自然通往「經濟的路」。雖然光化門廣場和清溪川散步道路開通了，但是感覺不太到鄰近商圈的復甦。原因很簡單，因為光化門和清溪川是無法直接在人行道旁邊打造商圈的結構。可惜的是，首爾路七〇一七也面臨到類似的限制，就結構而言，同樣很難在高架公園旁邊打造商業街。

　　結果首爾路想發揮經濟效果的話，就必須摸索能夠活化周邊地區的間接方法。問題是活化首爾站附近的區域有其困難之處。不能因為長久以來落後而缺乏活力的地區出現了舒適的公園，就滿心期待企業和人會一下子湧入該地。這裡需要比光化門和清溪川事業推動當時更多的時間和努力。

　　從巷弄經濟的進化過程來看，我們可以知道現在首爾站附近需要的是什麼。弘大、林蔭道、梨泰院等首爾具代表性的

和首爾路七○一七相連的商業街。

巷弄商圈的共同點，就是這些地區的成長皆是奠定於文化基礎建設、與其他地區的連結性和巷弄基礎建設等。這些街道在成為巷弄商圈前，已有畫廊、建築事務所進駐，也具備為了外國人所設立的便利設施，這些設施吸引了喜好藝術的人經常前來。相反地，首爾市想藉首爾路來開發中林洞、孔德洞、青坡洞等西部地區，但這裡的文化資源還不如第一代巷弄商圈來得成熟。首爾市雖然公開表示預計將西界洞國立劇團當作重點設施來活化地區文化，但是國立劇團一帶只有孤零零的表演廳，若想發展成文化中心地還需要相當長的時間。這裡的基礎設施和與鄰近商圈的連結性也不夠。首爾市雖然期待前往明洞和南

大門市場的觀光客和購物的人，能透過高架公園往西部地區移動，但這得等到明洞和南大門商圈擴散到西部地區才有可能實現。

　　從最近正在成長的延南洞、上水洞、合井洞等弘大附近區域的例子來看，隨著時間推移，巷弄商圈會尋找較低廉的租金，因而擴散到附近地區。問題是明洞和南大門市場並非典型的巷弄商圈，這裡是以大企業連鎖店或批發商為中心形成的商圈，因此很少有商店會移動到租金相對較低的其他地區。這裡沒有能夠連結商圈和首爾路的巷弄，也是拓展商圈的劣勢。不過這不代表首爾站高架公園毫無成功的可能性，若能善用西部地區豐富的巷弄基礎建設，這裡就能成為「經濟的路」。

　　還未有大規模商業設施和公寓住宅區進駐的萬里洞、西界洞、青坡洞、中林洞，仍保留舊巷弄的原貌，每條巷弄的環境都適合進駐別具特色的商店和餐廳，這是打造巷弄商圈的必備條件之一。目前已經可以看到萬里洞入口地區的變化，隨著首爾路開通，已經有老屋改造的特色咖啡廳和咖啡專賣店開始進駐了。

　　為了讓首爾站巷弄經濟得以進一步發展，往後還需要做什麼呢？

　　首先必須讓藝術家聚集到西部地區，若不好引進新的文化設施，將既存的文化設施轉移到國立劇場附近也不錯。此外，

還需要讓原有商圈的連結性極大化。讓位於高架公園東部的南大門市場和明洞，自然而然地與西部最靠近的商圈淑明女大入口連結起來。原有商圈和首爾路之間是否能建設出讓人流連忘返、充滿看點的人行道，也是決定高架公園事業成敗的關鍵。

最後一點是，必須放棄在西部地區推動大規模建設事業，朝保全巷弄基礎設施的方向努力，進行西部地區的再生。建築師黃斗進指出首爾必須以五層樓的住商複合建築，維持符合都市普遍性的密度。

首爾站是韓國國內鐵路網絡的重地，亦是機場鐵道的起訖點，相當於韓國的門面。讓車輛和鐵路環繞，流浪漢聚集的首爾站脫胎換骨，也是一項恢復國家自尊心的事業。希望能以首爾路作為起點，未來在首爾站附近建設多條「人的路」，讓首爾站能夠和已開發國家都市的中央車站一樣，成為文化和商業的中心地。

沒有縉紳化的完美巷弄商圈

———————

　　國際生活風格雜誌《Monocle》曾公開二〇一四年「完美
都市街區」（The Perfect City Block）圖解海報。

　　《Monocle》的完美街區就像複製了一條倫敦的街道，充滿
低層的獨棟住宅、位在房子後方的小公園、房子的屋頂露台和
太陽能版、各式各樣的建築和五花八門的商店，就像驚喜包一
樣。這是我們喜歡的典型街道。讓我們看著海報想像看看，最
完美的巷弄商圈在哪裡呢？

　　紐約、倫敦、巴黎、東京的幾個商圈都是很有競爭力的候
選，其中最應該選擇的是東京，因為巷弄商圈資源最豐富的都
市就是東京。《Monocle》不是也選了東京作為二〇一五年世界
最佳宜居都市嗎？

　　要在無數東京巷弄商圈中選出符合所有標準的理想場所並
不容易，還好東京市民從二〇〇五年到二〇一五年連續十一年
都選擇了某個地方作為最想居住的區域，那正是位於東京西部
郊區的吉祥寺。

　　吉祥寺所在的武藏野市，形容吉祥寺為「一切都有可能的
地方」。東京市民羨慕的都市吉祥寺集所有人的喜愛於一身，

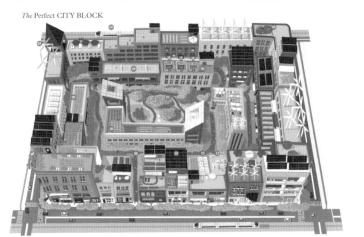

上：東京西部郊區吉祥寺站。
下：《Monocle》刊載的「完美都市街區」海報。

其中的祕密究竟是什麼？

　　這裡有安定的房地產市場和能夠維持社區精神、琳琅滿目又有個性的商圈。尤其一九九一年資產泡沫後，商用房地產陷入膠著，供給過剩反而提供獨立商店沒有租金壓力的經營環境。這個現象幫了商圈的多元性和整體性確立一個大忙，經濟停滯反而為發展具有魅力的都市文化帶來好處。

　　東京市民將吉祥寺選為最想居住的都市，是因為地點、交通、教育、公園和文化設施，以及商圈。吉祥寺匯集了三條電車路線，作為交通要地，方便在澀谷、新宿等東京市區工作的居民通勤。

　　都市全區安靜，多為田園式住宅區，提供了優良的育兒環境。只要稍微脫離中心商圈，就能看到在公園跑跳玩耍的孩子。武 擁有良好的學區也是有孩子的家庭偏好這裡的原因。

　　井之頭恩賜公園也是都市引以自豪的場所，深受東京市民的喜愛。日本動畫產業的聖地吉卜力美術館就位於公園南邊，即使至少需要提前一個月預約才能入場，但總是充滿為宮崎駿導演慕名而來的觀光客。

　　一九八五年世界知名動畫製作公司吉卜力工作室在此創業。吉祥寺本是悠閒的郊外都市，隨著漫畫家、爵士音樂家在此聚集，這裡也發展成日本漫畫產業的中心地。Bee Train、Coamix 等大部分漫畫製作公司的總公司都坐落於此。

上：吉祥寺住宅區一景。（照片提供：朴尚愛）
中：井之頭恩賜公園。
下：口琴橫丁，讓人聯想到鍾路避馬胡同。（照片提供：金東閔）

　　吉祥寺最大的魅力是充滿活力的商圈多元性。這裡有讓人聯想到江戶時代的狹窄商業街、傳統市場、高級巷弄商圈、青少年文化街、百貨公司和購物中心等豐富的商圈類型共存且不失原有的個性。

　　「一切都有可能的地方。」
　　「年輕和自由、悠哉所在之地。」
　　「讓人想在這裡生活看看的地方。」

　　若說讓遊客讚不絕口的吉祥寺巷弄幾乎接近完美，一點也不為過。

　　吉祥寺的核心商圈大致上可分為北部和南部，從車站北側大門出來就是廣場，廣場左側是讓人聯想到避馬胡同的口琴橫丁，小型的商店緊密相連的樣子，看起來就像口琴孔，因此得名。第二次世界大戰後，這裡曾是黑市，但現在已經變成有百餘間富有個性的獨立商店的觀光名勝。

　　廣場正面還可以看到通往另一條商業街的入口，那正是日本都市常見的拱廊式傳統市場吉祥寺 Sun Road 商店街，沿著這條商店街向北走，街道兩側盡是各式各樣的商店和餐廳。

　　口琴橫丁和 Sun Road 坐落於西北部，東北部則是典型的東京購物街中道通。李締莉作家的旅遊散文《東京日常散步》中

如此介紹這條路：「每一間店都有自己的氛圍和個性，但整體看來又像一幅畫般和諧。」與被有名的咖啡連鎖店和大企業品牌占據，千篇一律的巷弄商圈截然不同。

具代表性的南部商圈是與井之頭恩賜公園相連的七井橋通。這裡和傳統市場、百貨公司、專賣店林立的北部商業街不同，有許多符合年輕人取向的雜貨店、室內裝飾用品店、咖啡廳、餐廳，有「小原宿」之稱，在此可以體驗到自由、悠哉的青年文化。吉祥寺商圈的特別之處在於充滿傳統市場和獨立商店的巷弄，和百貨公司或大型購物中心進駐的大街共存。不只東急、丸井、PARCO 百貨公司，還有 Kirarina 京王、艾妥列（atre）等大型購物中心在這裡的生意都很好。

專家解釋日本的巷弄商圈能夠各自維持整體性，是因為傳統的「村精神」。對於違反社區規則的人施加集體制裁，使人們更加遵守這種精神，最終鞏固且建立強調社區意識和思想統一化的集體主義文化。

日本商圈內的商人之間有深厚的社區文化，能夠自律地解決租金控管、大小型商店的互補等社會問題。最突顯彼此對共存付出的努力的是，商店彼此尊重各自原有的領域，不侵犯彼此的業種或商品，例如大賣場不販售傳統市場已經先開始買賣的生鮮產品。

從空間設計也可以看出相互尊重的傳統。東亞日報記者林

上：拱廊式傳統市場吉祥寺Sun Road商店街入口。
中：從井之頭恩賜公園往吉祥寺站的街道。
下：吉祥寺，大型商店和巷弄共存。

相均在他的著作《東京商業漫步》中對吉祥寺的社區精神說明如下：

　　走出吉祥寺站，若想逛百貨公司、購物中心等大型賣場，就必須經過傳統市場。法律並未明文規定大型賣場必須離巷弄商圈幾公尺遠，或是規定以車站為中心，傳統市場和現代商業街的位置該如何配置。吉祥寺的結構如此，是因為整個都市一致認為，若想具備競爭力，就得讓現代流通業者和巷弄商圈共存，以維持商圈的多元性。

　　　　　　──林相均，《東京商業漫步》（Hanbit 出版，二〇一六）

　　當然社區規範並非光靠自律來執行。商人會組成商會強化內部團結力，建立包含相關自治組織在內，以及其他商店街的商會、地區居民團體等互助的管理體系。地區居民也扮演商圈管理的重要角色，據研究指出：「吉祥寺商店四周有良好的環境，所以地區居民對整體商店街和區域關注度高。他們對區域治安及安全問題敏感，積極參與打造安全社區的活動。甚至有風化場所曾因當地居民極力反對而進駐失敗的實案。」（林華振等人）

　　站在都市計畫的觀點來看，最令人羨慕的是這裡不存在縉紳化，即使是東京最受矚目的商圈也沒有縉紳化的爭議，其背

後有四個原因：

第一，社區文化。如前所述，房東和商人之間形成社區，自主施行非官方的租金制度。

第二，吉祥寺的大地主是寺廟。寺廟持有土地多，不易透過買地來進行商業街開發。由於寺廟的非營利整體性，並不會發生租金急劇上升的現象。

第三，牽制商圈無限制膨脹的居民的努力。這裡的住宅不易轉為商業用途，因此連鎖業者很難大舉進駐。

第四，一九九一年日本房市泡沫化後，房地產持續低迷，營造了難以縉紳化的環境。

從經濟學的觀點來看，其中最有趣的原因是房地產景氣不振。一九八〇年後半期，日本房地產市場的泡沫規模超乎想像，泡沫崩潰後，東京的住宅價格最多下跌了 90%，商業用土地價格甚至跌了 99%。

一九八〇年代以後，從東京和吉祥寺的公告地價變化趨勢可以明顯看出後泡沫時代房地產的不景氣。一九九三年以後，東京和吉祥寺的公告地價急遽下跌，直到二〇一六年也沒有回溫。

商業街租金的情形也差不多，一九九〇年代初期暴跌後便持續低靡。二〇〇八年至二〇一五年間，東京主要商業街的一樓賣場租金，反而從每坪五萬三千日圓跌至四萬三千日圓。

　　二〇一五年上任的安倍晉三首相實施景氣振興政策後，東京房地產市場擺脫了近三十年的通貨緊縮局面。在此之前，房東無法調漲租金，承租人也沒有選擇的餘地。租賃市場的不景氣，就不會發生商業縉紳化，這是經濟學上必然的結果。

　　在房地產市場長期蕭條的特殊環境下仍然獲得成功的吉祥寺模式，未來是否也會持續呢？可惜我們不能只抱持樂觀態

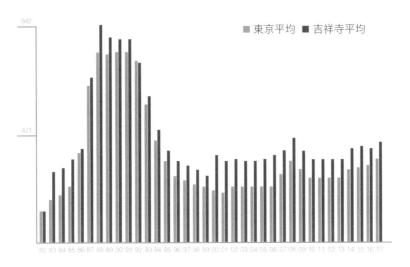

東京和吉祥寺的公告地價變化趨勢。（出處：tochi-value.com）

主打特色和氣氛的吉祥寺咖啡專賣店。（照片提供：金勝勳）

度。根據某媒體報導，二〇一六年以後由於觀光客激增，口琴橫丁大量出現了像家庭式餐廳的企業營業場所。

　　若東京房地產市場復甦，吉祥寺很有可能步上其他國際都市的超級商圈後塵，例如紐約和倫敦的許多商圈因為租金上漲，導致象徵地區整體性的獨立商店出走到其他地區，最後仍難逃只剩下名牌、大企業商店留下的縉紳化現象。

　　但是作為支持吉祥寺的鄰國市民，我選擇相信匠人精神和社區文化的力量。吉祥寺有寺廟、居民、商會等許多社區正在運作，它象徵了所有巷弄商圈都嚮往的匠人社區模式。若這個

都市無法守護它的整體性，那麼其他都市也做不到。在房地產蕭條的條件下仍象徵完美巷弄商圈的吉祥寺，希望它能憑藉互助共存的努力，有智慧地克服縉紳化的威脅。

復原巷弄的上海

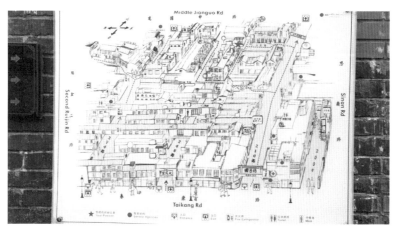

上海田子坊巷弄地圖。

　　一九九二年，中國政府藉投資自由化，指定上海浦東新區
為經濟特區，欲將其建設為國際金融都市，這裡也隨之變身成
高樓林立的金融貿易區。摩天大樓林立的上海曾經也是巷弄都
市，直至一九九〇年代上海80%的人口都居住在石庫門等低密
度住宅區。

　　巷弄消失、隱蔽於櫛次鱗比的高層建築和購物中心之間，

今日卻因為年輕人和外國人的光顧而復活。具西方風格且流行的購物街新天地、年輕藝術的街道田子坊等，現在都是上海的代表巷弄商圈。

隨著狹窄老舊，但充滿異國風情的巷弄受到歡迎，全世界吹起了復原傳統建築的復古風潮。首爾有韓屋村，上海有石庫門村，都成為觀光名勝。

兩個都市都為了吸引觀光客而保護傳統住宅，並將其打造成社區。但是兩國對傳統住宅的反應有微妙的差異，中國是傳統家屋的實際居住需求增加，韓國則停留在認為須將其當作觀光資源。為什麼會有如此差異呢？

中國擁有以文化支配鄰國的經驗，深知文化的力量，並將其當作競爭力。相反韓國對傳統的自信不足，比起追求整體性，追求便利性和潮流的文化更加根深蒂固。問題在於未來。看上海復原石庫門住宅和街道，讓人好奇首爾是否能推出與上海巷弄商圈競爭的傳統文化商圈。韓國積極將包含韓屋在內的傳統文化生活化，才是值得期待的未來。

嚴格說起來，石庫門並非傳統家屋，而是上海在半殖民的租界時代（一八五〇到一九四〇年代）歐洲人為中國勞動者所蓋的近代建築。外觀和當時歐美工業都市為勞工所建的共同住宅類似，但是按照中國風水的傳統，南北各設置了前門和後門。

上：復原上海石庫門住宅區所打造的購物街新天地入口。
中：上海傳統住宅石庫門。
下：上海的典型工人新村住宅區入口。

外觀與歐式排屋類似，內部構造是三面將庭院圍起來的中國三合院型態。大門門楣的藤蔓裝飾和山牆、突出的陽台，則是受到歐洲建築的影響。之所以叫「石庫門」，是因為門框和柱子用石頭做成。

　　——都仙美，〈百年上海庶民之家，石庫門探訪記〉（《中央日報》，二〇一六）

這些家屋呈直線並排於巷弄兩側，形成一個街區。以中央巷弄為中心，並行配置的街區聚集在一起，形成住宅區。像這樣低密度的共同住宅區叫做里弄。

一九四九年中國共產黨中斷興建石庫門住宅時，有四百萬名上海居民住在九千個里弄。但是一九八〇年代以後實施了大規模拆除，截至二〇一七年上海的里弄僅剩一千九百個。

一九四九年後中國共產黨興建了勞工居住的工人新村，是二至三層的共同住宅，並形成了低密度集體居住區。上海市從一九四九年至一九七八年為止，一共建設了二百五十六個工人新村，其中的一百九十六個工人新村占整體86%，集中於一九五一年至一九五八年完成。經濟開放前的上海市即是以低密度住宅區傳統里弄和一九五〇年建設的工人新村所形成的都市。在高速成長的過程中，上海首次以高層建築和大型購物中心取代低密度住宅區，但是二〇〇〇年代以後，石庫門因為其中西

合璧的異國風情和文化價值受到肯定，於是中國政府決定加以保護。

　　繼重生為上海最具代表性的購物街新天地和田子坊後，最近建業里和步高里（Cité Bourgogne）等法國租界內的石庫門住宅區，被重新開發為高級住宅街和購物區。

　　值得注意的是，最近的石庫門區多半是改建的居住地。和以商業街為核心開發的新天地和田子坊不同，建業里是為了上海有錢人和外國人所興建的最高級住宅區。不只是上海，在北京的中國有錢人之間亦流行改造傳統住宅胡同當作自住、辦公室空間來使用。

　　喜歡傳統家屋的中國精英階層和喜歡公寓或住商混合的韓國精英階層。兩者的差異從何而來？只是單純的喜好和文化差異而已嗎？若韓國意識到提高固有文化競爭力的歷史傳統重要性，那麼問題就沒這麼簡單了。

　　在韓屋生活化上，政府並非無所作為。首爾恩平新城等部分地區結合隔熱技術、組裝式建築等新技術打造韓屋區，為了保全原有的韓屋，政府也提供了不少補助金。但是觀察首爾市的整體戶口，韓屋戶口數呈逐年減少的趨勢。地方政府競相建設的韓屋村，實際上也是非居住機能的觀光園區。被稱為韓屋村始祖的全州韓屋村也從韓屋住宅轉變為商業設施，居住人口的比例正逐漸減少。

　　若我們真的想要有具競爭力的都市外觀和整體性，除了以中國為借鏡，我們也能從韓國國內爭相興建韓屋飯店的飯店業者身上吸取經驗。現代重工業的六星級西馬凱飯店（Seamarq Hotel）在二〇一五年六月於江陵開幕，其引以為傲的設施之一便是韓屋套房蝴安齋。飯店表示，蝴安齋是「為了讓房客能體驗有格調的休息環境和傳統文化，所推出最高級的韓屋套房」。

　　同一時期大使飯店集團亦在仁川松島開幕整棟建築物皆為

仁川松島的韓屋飯店慶源齋大使飯店。

韓屋造型的慶源齋大使飯店（Gyeongwonjae Ambassador）。占地兩萬八千平方公尺，由總共三十間客房的客房大樓，以及迎賓館、韓式料理餐廳建築所組成，以全韓國規模最大的韓屋飯店為傲。新羅飯店也在推動於 忠洞興建大規模韓屋飯店。

頂級飯店紛紛興建韓屋是為了迎合國外遊客想體驗當地文化的喜好，他們想在韓屋住宿體驗韓國文化。

韓屋設施也象徵飯店的品格，以繼承高級傳統文化的飯店作為行銷手法，也有助於提高企業文化的對外形象。韓屋所具備的宣傳價值，讓非飯店經營者的大企業也另外打造韓屋迎賓館以接待外賓。

在透過韓屋設施創造觀光需求來提高企業形象的飯店和企業吹起的韓屋風潮，現在應該要擴散到一般大眾。由於國內對韓屋的關注和消費不足，韓屋建築人力大部分集中於保護原本存在的韓屋。大眾要對韓屋有所熱愛，專門的建設企業才會站出來將韓屋產業化和市場化。

說韓國產業的未來取決於傳統文化的產業化一點也不誇張，若想滿足重視個性和文化的先進國家消費者，便需要結合技術能力來創造韓國獨有的特別商品和服務。如果韓國不能從原有的傳統文化和價值當中獲得靈感，結合尖端技術和新創事業模式，生產出具有創意的商品，那麼將很難在未來的市場中生存。

首爾市於二〇一五年發行的《首爾的未來》中，Naver 前代表金相憲表示，韓國社會原有的生活文化提供了 IT 產業許多商業素材。例如為取代付費簡訊市場所誕生的即時通訊服務 Kakaotalk，還有將僅存在於韓國的飲食外送文化結合 IT 技術的外賣服務「配送的民族」等，皆是將韓國的特殊性反映於商業的案例。

傳統文化是韓國企業專屬的內容源泉，只有韓國企業能做，國外企業模仿不來。從這個意義而言，傳統文化的產業化，是韓國克服經濟結構性困難必須實踐的新發展策略。

正如韓屋案例，傳統文化產業低迷的根本性原因，是我們在實際生活上並不享受傳統文化。若是不能藉大眾化來創造市場需求，傳統文化的產業化和國際化僅是有名無實。

那麼韓國傳統文化整體性清晰的巷弄商圈是否能辦到呢？在惡劣的傳統文化環境中還能以傳統文化維持競爭力的商圈是仁寺洞，代表韓國的傳統文化街道，從建築物、街道設計，到商業設施販售的商品，大部分都是以傳統文化為基礎。問題是首爾的其他商圈。雖然包容多元的外國文化符合國際都市該有的態度，但是至少一半以上的商店應該販售具有韓國特色、國籍明確的商品不是嗎？

喪失整體性最具代表性的產業種類就是酒館。不知從何時起，日式居酒屋開始占據全國的巷弄商圈。以韓國文化為中心

的理想商圈，應該是以容納傳統多元風味和設計的韓式酒館為主體，其中偶有日式、中式、西式酒館才是。

歷史成為一幅作品的都市，愛丁堡

蘇格蘭的首都愛丁堡全景。

　　蘇格蘭首都愛丁堡是五十萬人口的小都市。官方統計抓出的主要產業為行政、教育和金融。愛丁堡自十五世紀起就是蘇格蘭的首都，最大的產業為行政。政府的主要機關和公共美術館、博物館、研究機關皆集中於此。

　　同時愛丁堡也是教育之都，擁有包含世界名校愛丁堡大學在內等四所綜合大學。大學生人口多，占總人口的四分之一。

這裡也是規模僅次於倫敦的英國金融中心，蘇格蘭銀行（Bank of Scotland）、桑斯伯里銀行（Sainsbury's Bank）、特易購銀行（Tesco Bank）、蘇格蘭遺孀基金（Scottish Widows）、標準人壽（Standard Life）的總公司也在此。

但這裡另有吸引遊客的產業，就是故事產業。雖然這是個小都市，但作家輩出，例如十八世紀以後的亞當‧斯密（Adam Smith）、大衛‧休謨（David Hume），最近則有《哈利波特》的作者 J. K. 羅琳（Joan K. Rowling）。單純因為這裡是學問和教育的中心地嗎？但是看看其他教育都市的作家產出成績，似乎難以只靠教育中心地來說明為什麼這裡的作家人才輩出。

那麼是愛丁堡的什麼促使故事產業發展？大概是因為地區歷史和想像力的融合吧。也就是能夠讓人發揮想像力，將歷史和傳說寫成作品的文化。

二〇一五年一月，抵達愛丁堡站，我在前往飯店路上的山坡上看到一個特別的街頭看板。上面寫著每週末提供的導覽，包括世界第一文學都市培養的諸多作家居住過的房子，以及經常進出的場所。

本來不了解愛丁堡文學傳統的我看了看板上寫的名字大吃一驚。竟然有羅伯特‧伯恩斯（Robert Burns）、瓦特‧司各特（Walter Scott）、羅伯特‧路易斯‧史蒂文森（Robert Louis Stevenson）、柯南‧道爾（Arthur Conan Doyle）、詹姆斯‧馬

上：愛丁堡作家之旅導覽告示牌。
中：展示《哈利波特》二十週年紀念特別版的愛丁堡書店。（照片提供：崔賢貞）
下：J.K.羅琳寫下《哈利波特》的地方，大象咖啡館。

修‧巴利（James Matthew Barrie）、亞歷山大‧梅可‧史密斯（Alexander McCall Smith）、伊恩‧藍欽（Ian Rankin），還有 J. K. 羅琳。

〈友誼萬歲〉（Auld Lang Syne）是我們耳熟能詳的離別歌曲，正是由蘇格蘭的民族詩人羅伯特‧伯恩斯填詞。以蘇格蘭方言寫詩的他非常愛國，到了和朋友一起蒐集蘇格蘭民謠和傳說的地步。蘇格蘭人將他的生日一月二十五日稱為「伯恩斯之夜」，當成國慶日般歌頌。

和伯恩斯一樣代表蘇格蘭文學和文化的作家還有瓦特‧司各特。一七七一年，他出生於愛丁堡，和伯恩斯一樣蒐集蘇格蘭這個小都市的古老傳說和民謠，甚至還出版。司各特留下的代表作有〈最後的吟遊詩人之歌〉（The Lay of the Last Minstrel）、〈湖上夫人〉（The Lady of the Lake）、《羅伯羅伊》（Rob Roy），二○一七年蘇格蘭銀行將他的肖像印在十英鎊的銀行券上。

愛丁堡的文學傳統也延續到了現代。讓夏洛克‧福爾摩斯誕生的柯南‧道爾也誕生於這個都市，並在此完成醫學學業。一八八七年從福爾摩斯初次登場的小說《血字的研究》（A Study in Scarlet）開始，他便發表了許多受大眾歡迎的作品。

作家之旅導覽告示牌上的名字中，讓我感到最驚訝的人是 J. K. 羅琳，因為在此之前我並不知道撰寫《哈利波特》的作

者竟出生於愛丁堡。其他的作者皆以地區故事和背景為基礎創作，但是我實在難以將《哈利波特》和蘇格蘭聯想到一塊，尤其是愛丁堡。

《哈利波特》和愛丁堡的第一個連結是作品的誕生地。愛丁堡是羅琳寫下《哈利波特》系列第一集《哈利波特：神秘的魔法石》（*Harry Potter And The Sorcerer's Stone*）的地方。當時她和丈夫離婚後，帶著小說前三章的原稿，前來投靠住在愛丁堡的姊姊。

沒有穩定工作的她只要有時間，就會在市區咖啡廳寫作。市區裡有幾個她寫作的地方，但最具代表性的地方正是大象咖啡館。

羅琳成了知名作家後並未離開愛丁堡，而是以地區社會指導者的身分回饋當地。二〇〇四年她獲頒愛丁堡大學榮譽博士學位，當時的學位照現正放在愛丁堡大學小聖堂的一面牆上，間接展現她在地區社會所占的分量。二〇〇八年她在哈佛大學畢業典禮上演講。

但重要的是愛丁堡的都市景觀是《哈利波特》小說的空間背景。《哈利波特》系列的魅力之一就是符合小說氛圍的背景。霍格華茲魔法學校和魔法師的世界並非全都是想像出來的，若前去愛丁堡和蘇格蘭，馬上就能知道羅琳的靈感正是來自這裡的歷史和外觀。

上：《哈利波特》電影經常登場的格蘭芬蘭高架橋（Glenfinnan Viaduct）。
　　（照片提供：崔賢貞）
中：灰衣修士教堂墓地。
下：皇家一英里的亞當‧斯密銅像。

　　愛丁堡充滿提供奇幻小說素材的傳說和建築物。韓國藝術綜合大學的梁廷茂教授說:「我們之所以覺得英國這個國家是中世紀的舞台,是因為哥德式建築在十九世紀後再次盛大流行。」因工業革命成為世界最大強國的英國,為了強化其文化整體性而興建的中世紀宗教建築,變成了故事產業的基礎。

　　二〇一七年迎接出版二十週年,被全世界粉絲選為愛丁堡的《哈利波特》「聖地」是大象咖啡館、喬治‧赫里奧特學校(George Heriot's School)、灰衣修士教堂墓地(Greyfriars Kirkyard)、巴爾莫勒爾飯店(Balmoral Hotel)等。

　　灰衣修士教堂墓地是可以尋找作為小說角色的真人原型墳墓的地方。佛地魔的本名湯姆‧瑞斗(Thomas Riddle)取自真實存在於愛丁堡的人物,他的墳墓就在這裡,而麥教授的原型則被推測為詩人威廉‧麥岡納高(William McGonagall),他亦長眠於此。

　　據說《哈利波特》的主要背景之一霍格華茲,是羅琳從位於愛丁堡中心位置的喬治‧赫里奧特學校(一六二八年創校)獲得靈感。位在大象咖啡館附近的這所學校彷彿從童話裡走出來一般美麗,雖然不開放給觀光客,但是每年夏天舉辦愛丁堡國際藝術節時,還是會主辦一些小活動。

　　皇家一英里(Royal Mile)聚集了十八世紀以後出身於愛丁堡的卓越學者和作家的銅像和墳墓,象徵這個都市的整體性

和傳統。

　　蘇格蘭引以為傲的文學、思想、科學，透過一七○七年《聯合法令》（Union Act）併入大英帝國後，開始蓬勃發展。蘇格蘭曾是歐洲最貧困的國家，國人積極利用大英帝國提供的海外進軍機會，獲取成為文學重鎮所需的財富和知識。在這過程中產生的自由、自足、道德規律、科學技術尊重等價值深植於蘇格蘭文化。

　　蘇格蘭人之所以積極把握往外擴展的機會，改革十六世紀蘇格蘭教會的約翰・諾克斯（John Knox）牧師的長老教會扮演了重要的角色。諾克斯牧師是蘇格蘭人所選之人，他說蘇格蘭應該成為新的耶路撒冷。他順應民意建立了蘇格蘭長老教會，經營了當時最民主的教會組織。有這樣民主的養分，十八世紀蘇格蘭啟蒙運動（The Scottish Enlightenment）才得以萌芽。

　　公共教育體系也對文學和哲學的發展有很大的貢獻。諾克斯牧師主張國家應該引進國家教育制度以直接教育人民。多虧政府漸進式地接納他的意見，十八世紀蘇格蘭便成為歐洲擁有最多受教育人民，且實施讓歐洲各國平民前來留學的大眾化大學教育的國家。

　　憑藉市場、自由、規律等，在全球市場中獲得成功的蘇格蘭菁英將自己的經驗整理成一門哲學。這門哲學被稱為蘇格蘭啟蒙主義，不僅透過自由主義哲學的發展，亦透過美國獨立思

想、長老教會傳教等，對世界歷史的發展產生很大的影響。

　　十八世紀愛丁堡的知識分子，嚴格說來也是將蘇格蘭價值和經驗整理成一門學問的學者。亞當・斯密的市場經濟主義起源於蘇格蘭的經驗和利益，因為他從蘇格蘭的經驗中找到自由貿易的優越性。大衛・休謨亦可說是透過蘇格蘭歷史和經驗，才體悟到三權分立、分權等自由主義價值和制度的重要性。

　　愛丁堡透過傳統保存和教育，培養出帶有明確歷史觀和使命感的偉大作家。傳統和歷史是創作的泉源，正如《哈利波特》和其他以蘇格蘭為背景的奇幻小說所展現，關於未來的靈感也能在歷史和過去中找到。

　　承載鮮明價值和靈魂的韓國之路和都市在哪呢？雖然韓國有很多都市都想打造故事產業，但是唯有像愛丁堡如此保存歷史和整體性的都市才可能實現不是嗎？若果真如此，從現在起，我們至少應該透過景觀和文化將前述地區的歷史和整體性展現出來，以扶植地區的內容產業。因為活在歷史裡的東西才是連接過去和現在的關鍵，以及故事產業獲得創造未來豐富靈感的來源。

第四章 ——

有模有樣的巷弄應具備的整體性和文化

從中峇魯窺探新加坡的未來

新加坡巷弄商圈「中峇魯」的壁畫街。

　　新加坡的經濟、社會成就無可挑剔，人均國民總收入（GNI）達五萬五千美元，是超越亞洲的世界頂尖水準。一九九〇年代新加坡的人均國民總收入和韓國差不多，約為兩萬美元，但二十年後的今日已是韓國的兩倍。經濟順利成長，二〇一五年、二〇一六年的成長率各為 2% 和 1.8%。新加坡的未來是否也會如此樂觀呢？

　　新加坡的經濟成長祕訣眾所皆知，這裡被稱為企業家的天堂，政府政策開放，規定合理且透明。都市環境美麗、舒適、便利，如同實現了二十世紀初田園都市（garden cities）運動的理想，加上自古以來的歷史開放性和地理位置的條件，形成現今新加坡的經濟模式。

　　新加坡的社會福利亦堪稱典範。這裡比任何國家都安全，社會信任度高。社會安全的背景中存在著個人和國家責任均衡的固有社會福利模式。多虧創新的福利模式，讓人民得以享受世界級的教育、醫療、住宅福利。

　　新加坡憑藉市場和共同體兩大翅膀，以具有國際競爭力的金融、製造業、服務業經濟翱翔全球。目前新加坡正積極發展的新興產業是 IT、人工智慧、生物科技等最尖端技術產業。原本年輕世代普遍對創業感到消極，但政府以大規模財政支援，加上高水準的大學研究設施，打造出 Block 71 等，讓新加坡急速發展為新創中心。

　　然而，新加坡並非在所有領域都發揮了它卓越的競爭力，這個國家所面臨的煩惱就是文化產業。若全球經濟重心轉移到重視個性、多元性、生活品質的後物質主義產業，那麼新加坡還能維持現在的產業競爭力嗎？

　　我不禁好奇起新加坡的巷弄長什麼樣子。一個國家若想成為文化強國，至少要有一條能夠創造都市新潮流，以文化吸引

上：中峇魯的麵包店Plain Vanilla。
中：中峇魯熟食中心二樓美食街。
下：中峇魯的獨立書店BooksActually。

世界旅人的巷弄。

　　我詢問新加坡的朋友哪裡是新加坡的「格林威治村」[1]，他們推薦中峇魯，說那是著名的文青（hipster）聖地。

　　中峇魯靠近市區，但有別於唐人街、小印度、阿拉伯街等其他商業地區，是悠閒住宅區的鄰近商圈，橫豎四個街區，規模小巧。

　　中峇魯由一九三〇年代新加坡最早的公共住宅區所組成，到處都有強調互助合作的社區中心、學校、公園等共同體設施。每格二十公尺就可以看到居民大會的公告，看得出來居民過著嚴謹的共同體生活。

　　走進社區的入口就可以看到社區市場的熟食中心（hawker center），如同其他公共住宅區，熟食中心就是社區共同體生活的中心。居民不只在熟食中心購買生活用品，也會到位於二樓的美食街解決三餐。讓我驚訝的是，新加坡是人均國民總收入超過五萬美元的先進國家，在這裡竟然吃得到一餐只需韓幣兩三千元的餐點，甚至熟食中心的有些餐廳美味程度還可拿下米其林星。

　　不過這裡並非一開始就規劃市場和美食街的結合，早期的社區市場並未另設美食街，是因為政府禁止在街邊販售食物，

---

1. 代指嬉皮文化的聖地。

才會在市場內開設美食街，收容被驅逐的路邊攤。

　　從熟食中心出來，到對面的巷弄散步，看到的是店家琳瑯滿目的巷弄商圈，商圈裡面有新加坡年輕人喜歡的餐廳、咖啡廳、咖啡專賣店、麵包店、酒吧、花店、設計商店，而且有別於以高樓大廈和購物中心為主的其他商圈，這裡既悠閒又富有人情味。

　　此外中峇魯還被稱為藝術街，因為有隨處可見的畫廊。而且在此萌芽的獨立文化在新加坡其他地區更是難得一見，社區書店 BooksActually 和 Woods in the Books 內陳列的藝術書籍、繪本和古書，可以讓觀光客感受專屬於新加坡人的文化感性。

　　那為什麼是中峇魯呢？這裡和新加坡獨立後所建設的住宅區不同，多以低層共同住宅為主，形成了巷弄需要的低密度住宅環境。可及性也是重要的原因，因為靠近市中心而自然發展成商圈。便宜的房價和租金也是吸引一九八〇年代以後的年輕家庭和藝術家的原因，一九九〇年代以後新加坡政府致力於保護文化遺產，也有助於保護這些社區的建築。

　　在中峇魯我們可以同時感受到新加坡的可能性和煩惱。我們不只在這個小村落看到它以共同體競爭力所發展出來的巷弄商圈歷史，也同時看到未來還需要什麼。

　　這裡未來的課題是商圈的擴張，必須達到一定水準的規模才能和弘大、澀谷等亞洲其他都市的巷弄商圈競爭，但現實是

單憑年輕人有限的熱情和獨立文化基礎設施，很難發展出國際級的巷弄。

　　若再問一次，中峇魯能成為實質意義上的格林威治村嗎？從現在新加坡的文化產業水準來看，未來的競爭力令人堪憂。大部分的人將新加坡視為金融貿易中心，最先想到的是嚴峻的法規和罰金等權威主義文化。看得出來文化產業的競爭力不足是政府刻意營造出來的結果，因為在經濟開發過程中，政府並未把文化產業放在第一位。

一九三〇年代的裝飾風藝術（Art Deco）公共住宅區。

　　一九六五年新加坡脫離馬來西亞獨立後，擔任近三十年總理的李光耀自始自終走的都是以生活產業為中心的實用主義路線，他曾說過：「詩是我們承受不起的奢侈。（Poetry is a luxury we cannot afford.）」

　　或許這就是看似什麼都不缺的新加坡年輕人羨慕國外大眾文化，並為之瘋狂的原因。韓流也是他們喜歡的外國文化之一，有越來越多學生為了親自體驗韓流文化而造訪韓國。新加坡名校南洋理工大學的學生最想去的國家也是韓國。

　　新加坡文化產業的未來不單純只是他們的課題，對社會學者來說也是很重要的研究主題。究竟新加坡現在的權威主義體系，是否能讓他們成為文化強國呢？我們從日本、韓國、中國的成長模式中深知權威主義可以帶起產業發展，然而在傳統產業中行得通的權威主義競爭力，是否也適用於文化產業還是個未知數。

　　自由主義取向的社會學家懷疑權威主義國家的組織力是否能在文化領域有所發揮，因為權威主義和文化產業是相互排斥的。文化創造力和創意性來自於表達、出版、言論等個人自由。因此在無法保障個人自由的權威主義社會下，仰賴個人創意的文化產業很難蓬勃發展。

　　當然，從近現代的君主國家我們可以看到，在壓抑個人基本權利的權威主義社會中，芭蕾、歌劇、管弦樂團、藝術等菁

英文化產業還是可以繁榮發展，但這是因為菁英文化產業可以靠少數藝術家和贊助者維持其競爭力。

　　然而需要大眾的需求和參與的大眾文化就不一樣了。全世界的年輕人為之瘋狂的大眾文化無法靠少數具有天賦的藝術家就成功，國家魅力也是來自全國民的文化生活，很難靠政府強求就能改善。也就是說，大眾文化只有在大多數藝術家和消費者都能自由表達和活動的民主社會中，才能開花結果。

　　新加坡政府無視這些社會學家的擔憂，努力在權威主義的體制下扶植文化產業。二○○○年代以後，新加坡政府在藝術、音樂、出版、表演等文化藝術產業，和飲食、時尚、娛樂等大眾文化產業投入龐大的預算。

展示越南畫家作品的中峇魯畫廊ArtBlue Studio。

　　但是新加坡的媒體並不友善，觀眾也不理解地抱怨為什麼自己國家的電視劇不如韓劇來得有趣。

　　長遠看來，文化產業的扶植最終還是取決於新加坡的決心。新加坡一直以來都是大膽打破社會常理的「異端分子」，未來只要真心想發展文化都市，也並非不可能之事。

那些做自己想做的事、
過自己想過的生活的人

充斥竹島海邊的衝浪者。（照片提供：朴敏娥）

　　巷弄商圈目前還算是消費空間，因此喜歡巷弄獨特氣氛、回憶和魅力，又實際住在巷弄的人並不多。但是因為喜歡巷弄，而在巷弄創業、定居的人愈來愈多。

　　反過來想想，這些人先來到巷弄，他們就能把商圈經營起來嗎？

　　若大家聚在一個村莊裡追求類似的價值，就有可能形成至

上：竹島海邊衝浪村街道。
中：衝浪村讓人印象深刻的原色屋頂建築。
下：竹島海邊的衝浪店Seaman。

少一個的商圈。仔細想就會想到坡州 Heyri 藝術村、坡州出版城、南海德國村、襄陽竹島海邊衝浪村等案例。

　　為什麼許多關心巷弄未來的人會重視村落共同體呢？那正是因為共同體和巷弄的關係。擁有生活共同體的巷弄很特別，尤其是分享相同生活風格的共同體都有強烈的整體性和凝聚力。那麼由這些追求相同生活風格的人所打造的商圈，是否能更有效地維持商圈的整體性呢？

　　藝文人士、出版人、德國僑胞退休者也擁有相同的背景，但是他們的生活風格接近主流社會，反之，以衝浪維生的專業衝浪者追求的是主流社會之外的另類生活風格。衝浪文化才剛開始在韓國萌芽，因此和主流社會有段很大的距離。

　　竹島海邊的衝浪者每年增加，住宿設施、商業設施也應運而生，形成一個共同體。人們只要一起生活，自然會形成巷弄商圈。果然，在我尋訪竹島海邊的巷弄時，這裡已經成為衝浪者的街道，充滿為衝浪者準備的設施。

　　衝浪村的規模小，是由東西向三個街區、南北向兩個街區所形成。主幹道是仁丘中央路，起於北邊的銅山港口入口，迄於南端的仁丘小學。光是這條路上和四周道路就開了十五間衝浪店，是全國衝浪店最多的海邊。

　　十五間衝浪店中只有一間店是由當地居民經營，剩餘十四間的老闆都是從外地前來創業，大多是因為喜歡衝浪。衝浪店

的生意不錯，靠著出租衝浪裝備和入門的衝浪教學。以旺季來說，包含租借費和教學費在內，觀光客每人須支付八萬韓元，單日消費人數即超過一百人，一間店的日營業額即可達八百萬韓元以上。

把衝浪當作娛樂的衝浪者並不在意世俗的價值和他人的視線，他們以典型的衝浪時尚，如雷鬼頭、染髮、刺青、飾品、曬黑的肌膚等姿態漫步在街上，如此自由的氣氛可以在網路漫畫《走在浪上的少女》中看到，這部漫畫也是以韓國衝浪者獨有的生活風格為主題的大眾文化創作之例。

衝浪者鮮明的整體性也表現在衝浪村的外觀。黃色和橘色的建築物令人彷彿置身國外，留下深刻的印象。據說是衝浪者為了讓人聯想到夏威夷才漆上原色油漆，看來除了時尚之外，他們也想為建築物穿上屬於他們的色彩。

這裡住的不只有專業的衝浪者，也有很多為了衝浪者經營餐廳和酒吧的人，他們大多也喜歡衝浪。這裡的商業設施平均分布在主幹道仁丘中央路，和由此延伸至竹島庵的新港路及其後巷。

奇特的是，衝浪村受歡迎的餐廳賣的都是外國料理。由於衝浪文化來自美國，所以商圈也以美國飲食文化為中心發展。其中 December Pension 的盧政晟代表挑選的三大美食店為手工漢堡餐廳 Farmer's Kitchen、複合式炒碼麵店 Nabbongnam 和咖

啡專賣店 December Coffee。烤肉也是衝浪文化的一部分，衝浪者在露營區或住宿處親自烤肉的樣子相當常見，旺季時還會出現簡易的烤肉餐車。

衝浪文化也會一直延續到晚上，結束衝浪的年輕人入夜便湧入酒館和酒吧。二〇一六年手工啤酒 YangX2 Chemistry 於仁丘中央路開幕，Stonfish、Surfer 911 等也是有個性且生意興榮的酒館，為了旺季時湧入的衝浪者，這些店也會在仁丘中央路上開夜間派對。

雖然不確定竹島海邊是何時變成衝浪勝地，但據說離開釜山的衝浪者，約從二〇〇八年開始湧入浪高又沒有防波堤的竹島海邊，到了二〇一三年這裡已經發展為衝浪重鎮，甚至成為襄陽郡的宣傳題材。

二〇〇六年，隨著 December Pension 開幕，安靜的漁村開始出現為了觀光客所設的設施。二〇〇九年第一間衝浪店「銅山港 Blue Coast」出現，至今仍在營業，此後 Surfer 911 等店也接著進駐。

多虧衝浪者自發性的合作，竹島海邊形成了自由自在的衝浪環境。二〇一五年衝浪店為確保衝浪者的活動空間，共同租下竹島海邊，為期三年，減少旺季時海水浴場遊客和衝浪者的衝突，大家都能夠各自盡情享受海邊。衝浪者共享的生活風格，實現了他們自己的共同體文化。

上：竹島海邊著名的三大美食店之一，手工漢堡店Farmer's Kitchen。
中：二〇一七年，首次為衝浪者啟用的公共設施。
下：二〇〇六年起，作為開拓衝浪村先驅的December Pension經營的讀書咖啡廳。

　　不過十五間衝浪店和數量差不多的其他小型商業設施進駐，讓衝浪村也存在租金上漲的憂慮。據說有些地區甚至開出每坪六百萬到七百萬韓元的價格，但悠閒的村落空間很難察覺房地產過熱的情形。

　　竹島海邊所在的縣南面仁丘里還有衝浪村擴張的空間，仁丘中央路和新港路交叉處的南邊是寧靜的鄉村，和衝浪相關的設施還未拓展到學校、面行政事務所、郵局、市場聚集的縣南面中心街道。考慮到還未使用到的空間，似乎可以暫時不用擔心縉紳化的壓力。即使衝浪村持續擴張，以村子的調性來說，像其他地區一樣發生縉紳化現象的機率很低。

　　本來衝浪者的文化和喜好就很獨特，很難想像他們會喜歡連鎖店。目前在竹島海邊經營有成的店家也反映了衝浪者的喜好，幾乎找不到 KTV、夜總會、連鎖店等和衝浪文化格格不入的商店。

　　即使這裡的衝浪者大幅增加，連鎖店進駐的可能性也很低。因為衝浪是季節性運動，所以淡季幾乎沒有客人，店家也會休息，即使自營業者可能會繼續營業，但連鎖店絕不會接受淡季不營業。

　　有魅力的衝浪村需要的三種要素是：定居者、衝浪產業和當地消費文化。竹島海邊若想發展成國際級衝浪村，以現在一百名左右的居民是不夠的。居民的成長取決於衝浪村的成長，

幸好衝浪人口每年都在增加，旺季時前往竹島海邊衝浪的單日人次可達兩千人。

因為衝浪是每個年輕人至少都幻想過一次的生活風格，所以未來業餘衝浪者有望持續增加。加州獨特又有魅力的生活風格也來自於衝浪文化，那裡的氣候和自然環境都適合衝浪，每年都有來自世界各地的衝浪者。若前來襄陽衝浪的人口增加，經營衝浪產業的居民也會跟著增加。這項海洋運動不但能讓人口減少的襄陽，發展出以年輕世代為主的衝浪生活風格和新興產業，也是地區發展的未來。

美國的衝浪勝地加州有許多世界知名的衝浪時尚品牌、衝浪板製造公司，年銷售規模達八十億美元。韓國衝浪產業的經濟規模目前還不大，即使衝浪人口成長到數萬名，可能還是無法成長為國家級或區域級的重要產業。但是衝浪的價值在於吸引人潮，讓地區發生變化。即使前來襄陽的人才只是喜歡衝浪，沒有直接參與衝浪產業，但還是能夠想像他們在這裡逐步建立自己的企業，同時帶動地區經濟的成長。

即使衝浪人口增加，美國消費者若只喜歡國外的衝浪裝備，國內的衝浪裝備產業還是發展不起來。若想發展一定規模的衝浪產業，衝浪者自己必須做個當地的消費者，支援裝備的國產化和產業化。衝浪產業不該侷限於目前的衝浪店和附帶服務業的角色，應該發展成製造業，這樣衝浪產業和衝浪人口才

被衝浪文化滲透的LA杭亭頓海灘（Huntington Beach）大賣場。
（照片提供：成藝恩）

能達到衝浪者想要的規模。

　　我們長久以來嚮往著代表工業社會的菁英生活風格，但是未來必須有所改變。現正席捲全世界的後物質主義革命讓我們重新思考生活風格。為了個人的幸福，為了國家經濟的競爭力，需要建立於個性、自由、生活品質之上的多元生活風格。

　　後物質主義也存在於衝浪村的巷弄裡，如同韓國的巷弄商圈一再重蹈覆轍巷弄發展的公式：由物質主義所支配的巷弄，最終邁入縉紳化。實踐後物質主義生活風格的衝浪者所建立的

巷弄必須不一樣，實際上也真的不一樣，這也是我深信竹島海邊的巷弄能夠維持其整體性的理由。

靠嬉皮發跡的巷弄

可以體驗高級嬉皮文化的柏克萊美食窟街道。

「嬉皮勝利了。（The Hippies Have Won.）」

二〇一七年四月四日,《紐約時報》下了一個吸引讀者目光的頭條標題,報導中以一九六〇年代「嬉皮文化的勝利」形容近年關於好生活、健康、飲食習慣等各式各樣的創意或商品推陳出新的現象。

上：柏克萊嬉皮地區，讓人聯想到嬉皮文化中的負面印象。
下：著名餐廳The Cheese Board Collective，可同時享受素食披
　　薩和音樂的美食窟代表商店。

　　報導中也指出除了瑜伽和冥想，最近美國消費生活中流行的大部分食品，如穀麥、康普茶、杏仁奶等都來自嬉皮文化。

　　紐約和舊金山的高級餐廳也發生了劇烈改變。一群一九七〇年代初期的學生運動家在紐約伊薩卡（Ithaca）創辦Moosewood Restaurant，這間餐廳的素食菜單（味噌、芝麻醬、紅棗、籽、薑黃、生薑等新概念食譜）又刮起了流行。這項以素食主義（Vegetarianism）和維根主義（Veganism）當作核心的飲食文化，也代表了嬉皮文化的生活風格。其中維根主義不只落實於食品上，亦拒絕任何和動物有關的所有產品和服務，例如皮革製品、進行過動物實驗的化妝品等。

　　即使如此，嬉皮文化仍不完全是美國的主流文化。傳統嬉皮文化目前在美國社會還僅是次文化，若大家前往嬉皮運動聖地柏克萊電報街（Telegraph Avenue）仍然可以看到讓人聯想到嬉皮運動的負面印象，例如：流浪漢、毒蟲、偏激的政治運動家等。

　　融入主流社會的嬉皮文化並非典型的嬉皮文化，而是經過縉紳化的高級嬉皮文化。距離電報街不過一哩的北柏克萊（North Berkeley）巷弄「美食窟」（Gourmet Ghetto），被形容為「高級餐廳雲集」，在這裡可以體驗到高級的嬉皮文化，發現嬉皮文化的真諦。

　　聚集在夏塔克街（Shattuck Avenue）和樹藤街（Vine Street）

的美食窟餐廳、畫廊、冥想教室、獨立書店、古董店都有相同的特點。

　　這裡就像繼承了嬉皮文化，大部分的商店販售的商品都強調在地食物、有機農業、公平交易、匠人（Artisan）等社會責任和商業的獨立性。包含總是大排長龍的素食披薩專賣店 The Cheese Board Collective 在內的很多店家都是以社會企業傳統為基礎的互助團體方式在經營。

　　在地食物運動強調環保的飲食文化，其發源地也是美食窟。在地食物運動的推廣契機為在柏克萊經營小餐廳的自營業者愛莉絲・華特斯（Alice Waters），她所經營的法國料理餐廳 Chez Panisse 自開幕以來就與眾不同。為了取得新鮮優質的食材，她拒絕傳統的農產品流通市場，選擇和當地農夫直接交易，確保可以獲得優質的有機農產品。她的經營理念獲得消費者的積極迴響，其他餐廳也紛紛響應加入，發展成在地食物運動，又稱「從產地到餐桌」運動（Farm to Table，以下簡稱 F2T）。實踐 F2T 的餐廳會在菜單上標註食材的栽培農場、原產地和栽種者，以追求正直、安全、健康等後物質主義的價值。

　　F2T 的先驅華特斯主張「飲食即政治」，不僅只是單純經營餐廳而已。一九九六年華特斯成立 Chez Panisse 財團，以學校為對象傳播飲食文化。柏克萊地區的公立學校得到財團的支持，在學校的部分課程中加入關於飲食的教學。學生利用在學

使用在地食物的法國料理餐廳Chez Panisse。

校菜園親自栽種的蔬菜做菜，也會在數學和科學等其他科目以農作物的圖片和資料作為上課資料。

　　以有機農作物製作學校午餐的財團事業，也成了美國前第一夫人蜜雪兒‧歐巴馬（Michelle Obama）為解決青少年的肥胖問題，所發起的「讓我們動起來」（Let's Move）運動的典範。

　　華特斯的例子告訴我們地區運動的影響力可以創造一個都市的飲食文化，進而發展成國家事業。華特斯和 Chez Panisse 財團，以及「讓我們動起來」運動不僅代表柏克萊這個地方，更成為主流都市文化的象徵。

上：星巴克的原型，皮爺咖啡一號店。
中：位於美食窟的美食廣場。
下：美國最具代表性的嬉皮企業蘋果總公司。（照片提供：成藝恩）

　　美食窟的皮爺咖啡（Peet's Coffee）一號店是引領咖啡文化的國際企業，亦是星巴克的原型。一九七一年一群出身柏克萊的企業家以皮爺咖啡為原型在西雅圖創業，成立星巴克，當時的官方名稱為「Starbucks Coffee & Tea」，正是取自皮爺咖啡的店名「Peet's Coffee & Tea」。

　　不過世事難料，沒想到星巴克創始人為了收購一九八七年被拋售的皮爺咖啡，又回到了柏克萊。說來有趣，沒想到引領全球咖啡文化的星巴克帝國歷史，竟源自於柏克萊的一間咖啡廳。

　　除了 F2T 和咖啡文化，柏克萊當然也衍生出其他領域的都市文化。柏克萊的街道上隨處可見為現代都市文化打下基礎的各種商店，例如一九五〇年代後期最先開發出拿鐵的 Caffe Mediterraneum、主導食品合作運動的柏克萊學生合作社（Berkeley Coop）、被稱作獨立書店原型的莎士比亞書店（Shakespeare）和 Moe's 書店等。

　　走向大眾化的在地食物、精品咖啡、有機食品、民族風味餐、獨立書店、獨立音樂、復古時尚等都是從柏克萊開始，漸漸成為世界主要都市的主流文化。若仔細回顧這個都市的歷史，或許就不意外這個加州的小都市竟足以引領全球都市文化。眾所皆知，柏克萊是一九六〇到七〇年代反戰運動、嬉皮運動、自由言論運動等反文化（counterculture）的中心，歷經五十多年來的浮沉，反文化已經內化成都市文化的精髓，始終如一。

　　柏克萊精神續存至今是因為反文化不只是政治運動，更主導了文化運動。雖然嬉皮的反越戰運動帶有政治傾向，但是根本上追求的還是自由、人本、平等、環保等另類生活風格，並主導文化運動，成為現在新興都市文化的根基，被廣泛地重新建構並傳播。

　　反文化的傳統不只影響柏克萊這個小都市，整體上來說，也對美國資本主義造成很大的影響。美國大企業開始擺脫講求效率的近代物質世界，開始聚焦於後物質主義的價值。這項變化源自蘋果（Apple）、谷歌（Google）、全食超市（Whole Foods Market）等創意企業。這些企業的標語，像是蘋果的「不同凡想」（Think Different）、谷歌的「工作與享樂」（Work and Play）、全食超市的「平衡商業和回饋」（Balance Business with Social Impact），都強調了它們同時追求利潤和理想的企業文化。美國的物質主義比任何國家都來得活躍，但是是什麼原因讓這些企業將思考方式轉變為價值取向呢？以前述的蘋果（史蒂芬・賈伯斯〔Steve Jobs〕）為首，全食超市（約翰・麥基〔John Mackey〕）、冰淇淋公司班傑利（班・科恩和傑瑞・葛林菲爾德〔Ben Cohen & Jerry Greenfield〕）、維珍航空（Virgin Airline）（理查・布蘭森〔Richard Branson〕）、雜誌創辦人（菲利克斯・丹尼斯〔Felix Dennis〕）、滾石雜誌（Rolling Stone）（楊・韋納〔Jann Wenner〕）等產出多元文

化和價值的創意企業創辦人都是嬉皮出身，他們被歸類為嬉皮資本家（hippie capitalist）。

　　蘋果的賈伯斯尤其熱愛嬉皮文化，甚至曾公然炫耀自己年輕時吸過毒。華特・艾薩克森（Walter Isaacson）的《賈伯斯傳》將賈伯斯的生動陳述記錄了下來，書中有一段賈伯斯將比爾・蓋茲（Bill Gates）形容為目光如豆的「讀書蟲」，他也批評「微軟（Microsoft）的基因中沒有人性和人文學」，同時主張毒品和嬉皮文化有助於拓展視野。這些嬉皮出身的企業家擺脫原有的社會框架，忠於自己原本擁有的價值和意義來展現個性。他們快速掌握後現代主義（postmodern）消費者的慾望，發現消費者希望透過消費行為追求有意義的體驗。若是只舉幾個企業家的例子來討論嬉皮資本主義，可能太小看嬉皮文化的影響力了。《紐約時報》的科技記者約翰・馬可夫（John Markoff）在他二○○六年的著作《PC迷幻紀事》（*What the Dormouse Said*）主張，PC產業的發展起源於嬉皮文化所代表的反文化。

　　PC產業和IBM、DEC等美國東部既有的大型電腦產業相比，或許本身就具有叛逆性格。若大型電腦象徵大企業的權力，保管個人獨立資訊的PC便意味著自由和擺脫權力，那麼和反抗精神不謀而合的PC產業之所以會在反文化的中心，即舊金山附近的矽谷誕生也並非偶然。根據馬可夫的著作，包括

開發滑鼠、電子郵件、文書處理器等的道格拉斯·恩格爾巴特（Douglas Engelbart）在內，許多對矽谷拓荒有貢獻的技術者和企業家都追隨反文化，令所有國家都稱羨的美國 IT 產業都是在反文化的背景下發展。賈伯斯等建立並改變矽谷的改革家受到反文化的影響，以鮮明的叛逆分子精神拒絕且破壞既有的商業秩序，於是反文化藉由創造性破壞進化成「嬉皮資本主義」，追求企業和社會的變化。

　　問題是韓國能和以反文化傳統為基礎開拓新都市文化和產業的美國競爭嗎？華特斯藉由自營業發展新都市文化，賈伯斯透過尖端科技創造個人得以自由追求幸福的文化，身為嬉皮企業家的他們的共通點就是使命感。對他們來說企業是實現夢想與理想，改變社會的手段。後物質主義儼然成為世界的潮流，韓國的企業家必須積極擁抱接受才能和美國競爭。

　　韓國社會體驗不到像嬉皮運動般的反文化，所以要培養引領創新和創造的叛逆分子並不容易，但是我們能在年輕世代身上找到希望，現在的年輕人追求個性、創意、多元、生活品質等各種生活風格，暗示著新變化來臨的可能性。

　　關鍵是藉由消費追求差異性的年輕人是否也在乎創造價值。若他們對於個性和變化的渴求超越消費，進一步發揮企業家精神來主導生產和創業活動，或許在不久的將來，韓國便會出現以多元性和創意性為核心的新都市文化和資本主義。

聖水洞，
叛逆分子李在雄的另一個實驗

聖水洞的共同工作空間Cow& Dog。

　　在首爾無數的巷弄商圈中，除了代表獨立文化的弘大、代表外國人文化的梨泰院之外，整體性鮮明的地區便寥寥無幾。

　　其他地區雖然也各有特色，但很難確切回答它們哪裡獨特，因為這些地方僅符合「標準的巷弄組合」，不外乎是由咖啡廳、麵包店、早午餐店、義大利麵店、甜點專賣店、獨立書店、雞尾酒吧等組成。

　　二〇一〇年代初期，在缺乏個性和差別性的首爾出現了個性新穎的巷弄商圈，就是聚集了一百多個社會企業，而有「社企谷」（social venture valley）之稱的聖水洞。

　　大約在二〇一四年，青年翻轉家（changemaker）將解決社會問題當作創新的商業靈感，和社會企業開始落腳於聖水洞。同年，支援社會創新分子的 Root Impact[2] 進駐聖水洞，社企投資企業 Sopoong 便馬上跟進。

　　為什麼會選擇聖水洞呢？有人覺得是地利之便，但二〇一〇年代初期社會創業家在尋找新地點的時候，並不看好聖水洞。即使在首爾林開幕（二〇〇五年）、新盆唐線開通（二〇一二年）後，聖水洞的環境和可及性獲得大幅改善，但是關注這個地區的投資者意外地少。

　　因此地理條件並非唯一的決定因素，重要的是相中這裡的地區環境和潛力的「第一間企業」，所以我們可以把焦點放在率先入駐聖水洞的社會企業，也就是最早來到這裡開墾的創投產業叛逆分子，Sopoong 創立人李在雄。

　　一九九五年創立 Daum Communication 的李在雄代表是風險創業家，也被評為喜歡挑戰新事業的連續創業家。他被形容為叛逆分子的原因還有一個，就是他不只特別挑主流產業來挑

---

2. Root Impact 成立於 2012 年，是致力於挖掘、培養、支援青年翻轉家的法人團體。

Daum Communication的濟州總公司Space.1。

戰，也特愛挑戰主流文化，這就是他的氣質。

　　他的開拓精神和挑戰精神如實地表現在二〇〇四年將 Daum 的總公司遷往濟州。他為什麼這麼做呢？我們一起來看看。

　　將人送往濟州，將馬送往首爾的時代已經來了。[3] 馬應該 要送去首爾。首爾沒有色彩、沒有大自然，現在比起人類生活 之處，首爾更應該打造成馬也能生活的地方。（中略）若人在 首爾，一天花八小時在職場，上下班要花三、四個小時，那什 麼時候可以自我學習？現在這個時代，如果想讀書，可以打破 地域的限制，只要有網路什麼都有可能。連 MIT 講座都可以放

---

3. 來自韓國俗諺「말은 나면 제주도로 보내고 사람은 나면 서울로 보내라」，直譯為「馬要送到濟州養，人要送到首爾養」。濟州的自然環境適合養馬，首爾有足夠優良的教育資源能栽培一個人，因此衍伸為把人放在適合他成長的地方，才能有良好前途和發展之意。

到網路上了，還分首爾和濟州、中央和地方，未免可笑。

　　──金首宗著，《Daum 的挑戰性實驗》（時代之窗，二
〇〇九）

　　建立小小的矽谷是一場大規模的實驗。二〇〇五年，最先
在濟州築巢的 Daum 部門是網路智慧化研究所（Net Intelligence
Lab），進駐場所從改建濟州涯月柳水岩的別墅而來。之後，經
營網路新聞和資訊服務的媒體總部也跟著遷入，直到二〇〇六
年全球媒體中心（GMC）大樓一完工，便遷入新大樓。首爾的
人力則在二〇一二年 Space.1 總公司大樓竣工時正式轉移。

　　這個成果原先充滿希望。員工的生活品質提高，工作專注
力提升，形成了開心工作、享受生活的企業文化。充滿創意的
工作環境也讓 Daum 獲得不少成果，例如在濟州發布的劃時代
服務 Agora[4]、TVPod[5]等。然而二〇一六年 Daum 和 Kakao 一
合併，濟州總公司的實驗便失去動力，Kakao 只留下一部分的
人力，大部分都和位在板橋的 Kakao 人力進行整併。

　　雖然 Daum 遷出濟州，但是 Kakao 總公司的登記地址仍
是濟州。研究開發、濟州基礎事業等公司重要業務也還留在濟
州。Kakao 也在政府的勸說下延續了 Daum 的濟州開發哲學，

4. 韓國入口網站之一 Daum 的網路論壇服務，2015 年終止服務。
5. 2006 年起由韓國 Daum 所提供的網路影片、直播串流服務，已於 2018 年 11 月 7 日
　 終止服務。

成立濟州創造經濟創新中心。由 Kakao 員工經營的中心建構出獨一無二的自生性產業生態圈事業，例如「來濟州住一個月」吸引創新的創業家前來濟州，「Jeju The Cravity」則讓推動創意和實驗兼具的商業模式的濟州創業家能互通有無等。

濟州實驗的最大成果就是共享汽車企業 SOCAR。曾在 Daum 濟州總公司工作的 SOCAR 前代表金志萬於二〇一一年在濟州成立 SOCAR，二〇一七年六月為止，該公司已成長到擁有七千台車輛和兩百六十萬名會員。參與初期投資的李在雄代表於二〇一六年追加買入 SOCAR 的股份，成為擁有實權的控制性股東。

金前代表的事業靈感來自於濟州的汽車市場。濟州居民大部分都會因為交通不便而買車，但實際使用頻率並不高，大部分的車子經常停在停車場，於是金前代表考慮到供需的差距，而企劃了能夠活用閒置車輛的商業模式。

二〇一三年 SOCAR 被選為首爾市官方認可的共享汽車企業，在首爾籌備營業場所。SOCAR 的聖水洞營業場所現在是實質上的總公司。

李在雄代表的挑戰始於濟州，繼 Sopoong 和 SOCAR 之後，現在是聖水洞。Sopoong 投資了包括 SOCAR 在內的社會企業，我們可以從兩個側面分析它對主流的挑戰。

第一，打破追求最大投資利益的創投業傳統觀念，成立專

上：濟州塔洞SOCAR停車場。
中：影響力投資者Sopoong入駐的聖水洞Cow& Dog，以及旁邊的SOCAR區。
下：聖水洞社企谷的巷弄。公平貿易企業The Fair Story的店舖。（照片提供：金成模）

門支援將社會價值最大化的社會企業。

第二，並未選擇江南、板橋等原有的 IT 商業重鎮作為 Sopoong 事業發展的基地，而是選擇多少遠離市中心的聖水洞。從濟州和聖水洞這兩個選擇可以看出，李在雄代表和韓國主流 CEO 不同，重視的是地點的價值。

他認為想實現理想中的商業需要特定的物理環境，所以必須尋找能提供如此環境的地點，或打造出那樣的環境。我們再進一步了解他對地點的價值觀。

可以當作（在濟州）打造小規模的矽谷。印度人和中國人打造出矽谷，或許濟州可以想想矽谷的多元性。如果上下班方便、環境乾淨又美麗的濟州島有工作機會，應該能吸引到中國人、菲律賓人、越南人。

── 金首宗著，《Daum 的挑戰性實驗》（時代之窗，二〇〇九）

李在雄的新實驗成功了嗎？和濟州不同的是，聖水洞有很多與李在雄代表志同道合的社會企業，這是肯定的訊號。這些企業在這裡形成群聚，創造出有別於其他地區的獨特企業和地區文化。

以地理條件來看，聖水洞成功的可能性比濟州高。這裡的

巷弄結構由密集的破舊工廠和樹林所構成，可以促進文化的凝聚。或許在這場新實驗下，這裡會成為追求創造新價值的企業群聚的地方。

巷弄的整體性不容易改變，都市必須擁抱多元的文化，但巷弄卻有利於建構有特色的單一文化共同體。即使社企谷還不完美，仍有無限的可能和潛力，只是韓國尚未出現能創造許多工作機會的代表性社會企業。

即使是被評為最成功的 SOCAR，未來也充滿不確定性。若二〇一六年在經營權洗牌的過程中，身為大股東的 SK 集團就經營權問題和 Sopoong 產生嫌隙，就會威脅到 SOCAR 的穩定成長。聖水洞的地區問題也不容小覷，在這裡扎根的社會企業想要的是充滿社交生活風格的商圈，但這裡已經發展成手工鞋街、大企業（例：emart）、大型住商複合區、商業型商圈和社區型商圈共存的大型商業地區。

商業縉紳化也是威脅因素之一，聖水洞影響力投資者鼓勵社會企業在聖水洞創業，但是光憑社會企業還是很難阻止整體商圈的商業化。

社會企業的功能分散在高齡化、環境、福利等重要領域。目前韓國尚未有和聖水洞一樣成熟的社會企業生態圈，若韓國的創業文化想開花結果，就需要更多叛逆的創業家，因此或許聖水洞社企谷應該由國家來主導，讓這裡成為成功的叛逆文化重鎮。

作家之都，布魯克林

紐約曼哈頓獨立書店Strand。

　　身為作家，多少都想像過自己在巴黎聖日耳曼德佩區
（Saint-Germain-des-Prés）的咖啡廳寫作，以及和其他作家對談
的樣子。作家似乎特別喜歡聚居在都市一隅，是否如法國天主
教神學家安東尼・塞蒂蘭格斯（Antonin Sertillanges）在《知性
生活》（*The Intellectual Life*）中所寫的，對離群索居的創作者
來說，和其他作家的交流是生活中不可或缺的活力來源？

作家通常喜歡可以生產和共享知識且物價便宜的社區，因此也不意外位於大學附近的紐約格林威治村或巴黎的聖日耳曼德佩區，都是出了名的「作家街」。若首爾也能好好繼承地區文化傳統，靠近大學街的東崇洞和新村應該會發展成知識分子的社區。

但是世界上的作家街正在消失。紐約的西村曾是社會主義、女性主義、無政府主義、同性主義等現代社會所有思想的發源地，但現在卻被批評為不過是有錢人居住的地方。為了見名作家一面，在聖日耳曼德佩區咖啡廳張望的預備作家和旅人，現在也僅是一九六○年代的回憶罷了。

不過最近紐約有個地區有許多作家居住而被譽為「作家之都」，進而成為紐約獨立書店、獨立出版的重鎮，那就是布魯克林。紐約媒體甚至建議觀光客，若想在路上遇到美國現代文學巨擘，就來場布魯克林的獨立書店之旅。

為什麼是布魯克林？第一個讓人想到的理由是有特色的文化。紐約劃分成五個行政區，布魯克林和其他行政區一樣，也有其獨特的腔調和文化。

若簡單定義布魯克林文化，我最先想起的關鍵字就是「另類」。如果說曼哈頓象徵主流文化，布魯克林對藝術家和作家來說就是物質、文化上的另類方案。文學在可以獨立和批判思考的另類場所開花結果，一點也不令人意外。

上：布魯克林方向的地鐵站，聯合廣場站（Union Square）。
下：小說家之都，布魯克林。

　　然而更重要的成功因素來自於同樣以地區為傲的作家和讀者。布魯克林的作家大多以出身都市為傲，尤其被譽為美國在世最優秀的作家保羅・奧斯特（Paul Auster）就特別愛布魯克林，他住在這裡，也寫了很多以這裡為背景的小說。正如他二〇〇五年的作品《布魯克林的納善先生》（*The Brooklyn Follies*），內容以他對布魯克林的愛為主題，連書名都有布魯克林四個字。

　　獨立書店是此地區文化共同體的中心地，創造出連結地區作家和讀者的新出版文化和共同體文化。如果沒有空間讓喜歡書的人聚在一起討論，分享各種想法，作家之都還會誕生嗎？我們之所以認為布魯克林是一個文學重地，是因為這裡充滿了挖掘地區有能力的作家，讓他們得以和讀者產生聯繫和溝通的獨立書店。

　　有很多小說家住在布魯克林，三戶中至少有一戶就是小說家。評論家阿倫・希克林（Aaron Hicklin）半開玩笑地說，如果想成為美國的名作家，需要具備兩個條件，一是在有名的大學拿到藝術創作碩士，二是在布魯克林定居。因為有很多作家拿到學位後，為了成為有名的小說家而搬到布魯克林。

　　和曼哈頓只有一江之遙的布魯克林，十九世紀起就有許多名作家住在這裡。一開始作家定居的地方是距離曼哈頓最近的布魯克林高地（Brooklyn Heights），華特・惠特曼（Walt

Whitman）在這裡編輯《布魯克林鷹報》（*Brooklyn Eagle*），諾曼‧梅勒（Norman Mailer）和楚門‧卡波提（Truman Capote）在這裡呼朋引伴、切磋討論。不過布魯克林是到了最近才把曼哈頓比下去，成為文學重地。馬丁‧艾米斯（Martin Amis）、鍾芭‧拉希莉（Jhumpa Lahiri）、珍妮佛‧伊根（Jennifer Egan）、喬納森‧薩福蘭‧福爾（Jonathan Safran Foer）等作家是在一九八〇年代布魯克林縉紳化之後才遷入。

布魯克林文學界的心臟是獨立書店。二〇一四年《布魯克林雜誌》（*Brooklyn Magazine*）介紹了二十間以上的主要書店，這些書店遍及布魯克林。

獨立書店經常為地區作家舉辦各種活動，在布魯克林圖書節期間，著名作家會受邀前來舉辦讀書會和簽書會。讀書會幾乎每日舉辦，因此作家可以透過這些社區活動宣傳和販售自己的作品。

最早在布魯克林開張的獨立書店是位在公園坡（Park Slope）的 Community Bookstore。這間氣質寧靜、俐落的書店是地區社會的核心，也因保羅‧奧斯特、席莉‧胡思薇（Siri Hustvedt）、妮可‧克勞斯（Nicole Krauss）經常光顧而聞名。

推開書店大門就能感受得到獨立書店的地方主義（localism）策略。專賣珍本和絕版書籍的 DUMBO 區獨立書店

上：布魯克林獨立書店Unnameable Books。
中：布魯克林第一間獨立書店Community Bookstore。
下：布魯克林DUMBO區書店powerHouse內關於布魯克林的書籍展示台。

P.S. Bookshop 門旁擺著布魯克林紀念品的展示台，紀念品也包含布魯克林作家的作品。

　　這間書店的特色是以布魯克林地區的地圖或復古的書籍封面製作的海報，因為很多人造訪 DUMBO 區後都想帶一張漂亮的海報回家。如果你喜歡蒐集作家的簽名書籍或名著的初版書等珍貴書籍，那你一定要來這裡。即使你對書籍沒興趣，來這裡參觀琳瑯滿目的小東西也很有趣，所以別錯過這間書店囉。

　　——李奈然著，《紐約生活藝術遊記》（Quelpart Press，二〇一六）

　　地區讀者和作家可以見面和對談的空間就是獨立書店。讀者可以在獨立書店體驗網路書店無法提供的文化和價值。對作家來說和不同地區的居民溝通很重要，因為居民的自身經驗和故事可以作為作品的素材。

　　位在威廉斯堡（Williamsburg）的有名二手小說書店 Book Thug Nation 在連結地區社會方面更積極，除了支援地區作家，也會出借書店空間舉辦各式各樣的地區社會活動，對地區共同體的發展有極大的貢獻。

　　除了獨立書店，整個流通業都在找方法把因為網路購物而脫軌的消費者綁在一個地方。尤其銀行、咖啡專賣店、超市等

有許多據點的企業都在拓寬共享空間，努力成為社區生活的中心、社區商業的平台。

　　獨立書店帶起的圖書市場創新不只發生在布魯克林而是全國，二〇〇九年至二〇一四年間，美國獨立書店的數量便增加了 30%。

　　提供獨立書店新機會的契機是大型書店的沒落。二〇一一年因為網路書店的崛起，大型書店疆界（Borders）因而破產，巴諾書店（Barnes & Noble）於二〇〇九年至二〇一四年間也關掉了六十間以上的書店。

宣傳自行出版的獨立出版物數量的曼哈頓獨立書店傑克森書店（McNally Jackson）。

　　《週刊報導》（ *The Week* ）雜誌的專欄作者傑西卡・胡林格（Jessica Hullinger）用四點說明獨立書店的競爭力，就是提供特別的體驗、客製化的書籍推薦、商品的多角化、建立地區共同體。

　　小都市的獨立書店和大型書店競爭的方式，就是個人客製化和地域性商業模式。根據《紐約時報》二〇一六年的報導，美國中西部的一間獨立書店會個別管理一千五百位之多的顧客，每月向會員顧客寄送推薦書籍的電子報，並提供書籍購買優惠。

　　獨立書店及獨立出版社以地區為中心挖掘和支援作家和讀者，能拯救全盤蕭條的出版業嗎？獨立出版拜 3D 列印、社群媒體、人工智慧等技術創新之賜，反而讓出版和行銷的費用大幅降低，商業性提高，受到更多矚目。知識分子和作家即使不和商業取向的出版社合作，也可以寫書、賣書。

　　獨立出版現在才要開始。唯有連結書店、出版社、作家、消費者，繼續挖掘建構共同體的創新商業模式，獨立出版才能發展成足以和大型商業出版社抗衡的規模。韓國目前也以弘大地區為中心，形成獨立書店和獨立出版的產業群聚，和美國、日本的獨立書店一樣，以社區為據點，向居民介紹特別的書籍，以及販賣在社區難以買到的文具類或藝術商品。

　　究竟弘大是否能發展成韓國的布魯克林呢？以經營獨立

書店和獨立出版社的地點來說還不夠。若要成為實質意義上的布魯克林，必須先打造讓作家和喜歡書籍的人聚在一起的共同體，要記住布魯克林之所以能成為作家之都，是因為那裡的居民喜歡熱烈討論書籍和享受閱讀，又有諸多聽著豐富的故事而寫作的作家。

紐約巷弄商圈的未來

紐約大樓林立的巷弄。

　　首爾的巷弄發展到最後會是什麼樣子呢？所有商圈應該會和現在最進步的商圈變得相似。最優秀的巷弄商圈在紐約這個都市；紐約最優秀的，應該就是全世界最優秀的。

　　紐約最貴的巷弄商圈是西村，主要幹道的小商店月租高達四萬到五萬美元。從文化方面來說，西村可以說是最優秀的巷弄商圈，這裡和紐約藝術產業的重鎮紐約肉品市場

　　首先，西村擁有出色的巷弄景觀，以及屹立不搖的文化重鎮地位。巷弄商圈的成功條件之一絕對是巷弄中親民的空間設計，這裡有 80% 的建築都被指定為文化遺產，所以低層建築和短街區的結構也難以變動。

　　文化設施也正持續擴張。紐約最近的新名勝空中鐵道公園（High Line Park）始於西村，以入口為中心所形成的雀兒喜，和紐約肉品市場區的畫廊產業正在擴張。惠特尼美術館（Whitney Museum）於二〇一五年遷至空中鐵道公園入口後，更加鞏固了西村的美術重鎮地位。

　　然而威脅因子也不少，巷弄商圈的消費者需求是關鍵。西村是獨立商店的中心，喜歡這裡的生活風格，願意支付高房價的居民或許會留下，但是商家在租金暴漲下，還願不願意留下來繼續營業不得而知。線上購物也正在威脅獨立商店的存留，百貨公司和購物中心正因蓬勃發展的線上購物面臨夕陽產業的命運，頂級品牌的旗艦店也紛紛撤出紐約的核心商業街第五大道（The Fifth Avenue）。

　　在實體商圈和線上購物的競爭環境下，西村必須轉型。正如一九六〇年代都市運動家珍・雅各為了阻止複製化所做的努力，西村也必須展現克服未來的威脅並生存下來的潛力。西村的獨立商店應該選擇的戰略是高感性（high-touch），也就是說必須以個性鮮明且文化價值高的商品，與高技術（high-tech）

線上購物中心、大型物流企業競爭。因此在機械取代人力的狀況下，獨立商店必須提供機器無法提供的東西，來滿足消費者的感性需求，以高感性與之抗衡。身為前麥肯錫（McKinsey）合夥人的崔晸圭建議實體物流企業「必須提供不是只有在物理空間才能有的經驗和一件商品的解決方案」。

高感性戰略也包含電子商務（e-commerce）。崔合夥人提出「限定版或高價產品本身只能透過電商管道販售，一般商品則透過開放商務（open commerce）來販售」的建議，獨立商店為了競爭，也必須全通路（Omni-Channel）經營。

最近懷舊文化類的商品和商業手法正在紐約復甦，最具代表性的領域就是獨立書店。巷弄商圈也必須仿造獨立書店的經營模式，以客製化服務、地區商業和線上購物競爭。

長期而言，對巷弄商圈的未來最重要的條件是維持文化整體性。若西村也能維持其他地區無法複製的原有文化，就能守住長期以來的文化重鎮權威。

現在紐約的都市文化分成三種主流，代表上東區的中產階級，威廉斯堡象徵的波希米亞和西村的布波族（Bobos）文化。

如果說中產階級是物質主義文化，波希米亞和波布族就是後物質主義文化。物質主義追求強調勤勉、誠實、規律、組織力的工業社會價值，相反後物質主義強調的是生活的品質、個性和多元性。簡言之，上東區的中產階級就是工業社會的貴

族，以工業活動累積財富的資本家都隸屬於此，他們透過努力而成功，對社會有很強的責任感，但整體來看他們封閉且排斥其他階層，渴望藉由財富世襲來建構貴族社會。

波希米亞文化對抗的是工業社會既存的中產階級文化。所謂波希米亞人是「詩人或藝術家，他們無視俗世的習慣或規律，過著放浪又自由奔放的人生」。文青文化就是以波希米亞傳統為基礎的現代都市文化。

威廉斯堡是公認的文青都市，文青於一九九〇年代在美國崛起，追求新的反抗文化。文青難以用一句話定義，他們主要是透過時尚來展現嬉皮的服裝、髮型等，在外表上和他人做出區別，然而文青的外部特徵卻不明顯。根據我從文青相關文獻找到的資訊來看，文青被定義為二、三十歲的人，喜歡穿古著或二手衣物。

很多文青喜歡騎一種被稱作定速車（fixie）的固定齒輪車（single-gear），其特別之處在於擁有普通腳踏車沒有的多色和設計選擇。文青的消費取向也異於他人。他們喜歡獨立音樂、咖啡廳、破舊的酒吧、素食、黑膠唱片等文化商品。

二〇〇〇年代後半期還曾出現過關於文青的批判，有的人批評他們是一群既不另類，又沒有知識和問題意識，卻還自以為優越的人。

若從文化史的角度來看，文青是活躍於一九六〇年代的

上：紐約上流社會的居住地上東區。
下：文青文化重鎮威廉斯堡。

嬉皮文化的繼承人。一九六〇到一九七〇年代，美國的叛逆分子藉反抗文化確立了自己的整體性，並以毒品、反戰運動、性愛等作為表現自己的手段。美國的嬉皮世代不同，雖然他們的反越戰等活動表現出政治取向，但是以其整體文化來說不只反戰，亦追求強調自由、人性、平等等另類生活風格。

第三個都市文化波布族的重鎮是西村。如同《紐約時報》專欄作家大衛・布魯克斯（David Brooks）所批判，美國進步陣營的新主流被一九九〇年代美國的左派波布族給取代了。波布族是波希米亞和中產階級（又稱布爾喬亞）的合成語，指追求進步價值的高所得專業人士。像美國前總統柯林頓（Bill Clinton）、前國務卿希拉蕊（Hillary Clinton）、前副總統高爾（Al Gore）等都是波布族的政治人物代表。

考慮到後物質主義、取向和個性的多元化趨勢，上東區、威廉斯堡、西村既為互補的角色，卻又各自發展。很難想像波希米亞、反文化傳統強烈的紐約沒有西村和威廉斯堡，以中長期來看，威廉斯堡可能會西村化，文青將會離開被縉紳化的基地，尋找新的聖地。

若縉紳化發揮正面的效應，個性鮮明和富有魅力的商店實施刺激消費者感性的高感性策略，商圈就能克服「線上購物萬能」的趨勢。

紐約的未來也是不久後韓國的未來，未來文化整體性鮮明

的巷弄商圈，也將會帶領首爾的都市文化。看來巷弄商圈要面臨的課題已經很明顯了，強化整體性的公共財產投資便是當務之急。

第五章

匠人精神和企業家精神

地區社會和環保超市的互助共生

延禧洞巷弄商圈的招牌商店Saruga購物中心。

　　二〇一七年六月十六日電商亞馬遜（Amazon）宣布以一百三十七億美元收購有機超市「全食超市」，讓喜愛該超市的消費者大受打擊。落入大企業亞馬遜手中的全食超市還能維持自身的有機超市整體性嗎？

　　專家懷疑，亞馬遜在西雅圖經營以價格競爭力為目標、沒有收銀台的食品店 Amazon Go，絕對不可能保持販售優質、昂

貴的有機食品的方式來經營全食超市。

　　若這項預測正確，全美四百三十多個擁有全食超市據點的地區，將一夜之間失去地區共同體的重心。美國的有錢人認為全食超市是地區社會的中心和驕傲，不願住在沒有全食超市的社區。

　　也有許多紐約客喜歡在位於曼哈頓地標「時代華納中心」（Time Warner Center）的全食超市地下分店買完午餐後，過馬路到中央公園用餐。

　　我從全食超市於一九九〇年代初期於德克薩斯州奧斯汀創立時，便持續關注這間企業的發展過程，因此我可以想像當亞馬遜宣布收購全食超市時，奧斯汀居民有多失落。長久以來，西雅圖和奧斯汀競爭想成為第二個矽谷。若說西雅圖的驕傲是亞馬遜，那麼奧斯汀的自尊便是全食超市。

　　在替失去在地企業的奧斯汀居民感到遺憾的同時，我不禁羨慕能擁有 Saruga 購物中心的延禧洞居民。Saruga 購物中心是一間仿全食超市，以「地區性商業模式」來創業的環保超市，帶領延禧洞巷弄商圈的復興。

　　全食超市和 Saruga 購物中心的差異為何，是經濟學一項重要研究。因為全食超市的失敗證明了全國性商業模式的極限，Saruga 購物中心的存在展現地區性商業模式的潛力。若重新評價全食超市的經營模式，環保超市產業的地區性經營將遠優於

全國性經營。

　　生鮮食品超市 Saruga 購物中心是延禧洞的招牌商店，其作用就是吸引更多顧客前來。作為巷弄商圈的招牌商店，應提供其他商店公共財，首要就是「地區整體性」。

　　延禧洞是融合獨棟住宅、工坊、藝廊、文學創作村、外國人教育機構、大學生套房等，散發獨特文化和氛圍的巷弄商圈。Saruga 購物中心吸引外國人、居民、觀光客、學生等各種顧客，販賣有機、各國進口產品等多元貨物，代表了延禧洞的文化整體性，在這裡也可以擁有各種體驗。在延禧洞經營料理教室的中川秀子[1]如此形容：「Saruga 購物中心不只是買東西，更是感受文化的地方。」

　　其次就是地區的自豪感。若到延禧洞的餐廳用餐，會發現餐廳老闆都以「使用 Saruga 的蔬菜」為傲。Saruga 購物中心販售少見的各種國內外食材，深受延禧洞許多名廚的喜愛，在韓國其他地方很少看到像延禧洞居民這樣如此喜愛社區招牌商店的人。

　　第三，流動人口。Saruga 購物中心作為該地唯一的大型超市，吸引了大規模的消費者。延禧洞居民平常逛完 Saruga 後喜歡到附近的商店逛街。一般來說，巷弄的停車空間不足，但多

---

1. 韓國的料理研究家和料理散文家，在日本出生的歸化韓國人。在延禧洞自宅經營料理教室 Gourmet Lebkuchen。

上：Saruga購物中心內部。
中：咖啡專賣店Manufact Coffee，位於Saruga購物中心所形成的巷弄商圈。
下：全食超市紐約威廉斯堡分店內的環保海鮮區。

百六十億美元，成為美國最大的有機超市和最具影響力、讓人
最想工作的企業。

　　但是在企業上市和全國化，以及競爭壓力下，全食超市漸
漸難以維持創業理念。當克羅格（Kroger）、沃爾瑪（Walmart）
等競爭對手開始販售有機食品，投資者要求短期業績和減少成
本的壓力就變大，競爭企業進軍有機市場成為削弱全食超市競
爭力的原因。

　　有機市場普遍化後，全食超市的價格也沒有理由比其他商
店貴了。股價在二〇一三年以六十五美元達到最高點後便開始
下降，全食超市開始和自己的原則妥協，原本為了維持在地食
物的傳統，將全國分成十二個區域，以區域為單位收購商品，

全食超市紐約哥倫布圓環（Columbus Circle）店入口。

改為在中央購買的方式。此外為了確保價格競爭力，全食超市還經營起自有品牌（PB，Private Brand），將二〇一六年的銷售額提高到 20%，同年甚至還開了低價賣場「386」，但是經營實績仍未得到改善，最後不敵投資者的施壓，最終於二〇一七年六月轉讓給亞馬遜。

若僅以結果來看，麥基的全國性商業模式的確難以持續。若他莫忘初衷，持續經營地區超市，或許能夠讓自己的經營哲學延續得更久也說不定。

但歷史不容假設，以社會整體利益來看，不需為開創新市場的全食超市消失感到遺憾，因為有機和健康食品文化儼然成為趨勢，能提供更優質服務的新企業將會填補空缺。全食超市在陷入危機前，美國全區已經出現僅次於全食超市，且以地區為基礎的有機超市，最具代表性的正是波特蘭的新季節超市（New Seasons Market）[2]。

目前韓國消費者能為韓國健康食品產業所做的事，就是支持像 Saruga 購物中心這樣以地區為基礎所發展的超市。有心的企業家應該在全國各地創辦獲得當地居民信賴的超市，改變目前由大型超市和百貨公司所控制的食品流通市場版圖。

以地區為基礎的環保超市是巷弄商圈可持續發展的必要條

---

2. 2019 年 12 月，為韓國 emart 收購。

件。帶著堅定哲學和共同體精神的匠人商店和事業家所主導的匠人共同體，是可持續發展的巷弄商圈模式；而能夠同時提供巷弄商圈活力和整體性的招牌匠人商店，則是以地區為基礎的超市。

阿拉里奧路，都市旅人的濟州

形成濟州舊都心景觀的粉色矮建築。

　　現在回頭一想，濟州其實不適合都市旅人，因為它是典型的度假型觀光勝地，住宿離村莊有點距離，前往旅遊景點都需要搭公車或汽車。即使走在濟州市這個最大的都會區內，也找不太到店家集中又有都市文化特色的巷弄。藝術評論家俞弘濬認為濟州市之所以無法發展都市文化，是因為沒有中心廣場。

　　若沒有體驗都市文化的廣場，來到這裡的觀光客即使想享

受它的都市風格，也無處可去，只能待在飯店或轉戰 KTV 和酒吧。

　　沒有巷弄商圈的都市，在都市旅人眼中是一個致命缺點。都市旅人的特徵是到大自然旅行逃避都市繁雜的街道和警笛聲，逃避擾人心靈和令人窒息的烏煙瘴氣，以及汲汲營營的都市生活，可是當他們真的身處大自然中，很快地又因為戒斷現象而感到難受。雖然在美麗的樹林和河邊一邊思考一邊散步，在民宿和新認識的朋友聊天很快樂，但這份喜悅難以延續一整天，他們很快就會想念都市。

　　都市的誘惑往往從一大早開始。走到街上呼吸新鮮的空氣，偶然遇見忙碌奔走的社區居民，便不禁想和他們打招呼。讓人期待在街上找到瀰漫著咖啡香的咖啡專賣店，和烤著麵包的溫馨麵包坊。

　　漫長的午後絕不能耗在度假村，結束散步、健行、游泳後，在飯店房間聊天和閱讀，但是一到下午，無聊很快又找上門，忍不住想邁開步伐走到都市的街道上，在巷弄各處穿梭，盡情享受發現小書店和隱藏咖啡廳的喜悅。

　　遠離村莊的飯店生活最難熬的時間就是晚上了。在飯店的餐廳、酒吧吃飯喝酒，總覺得好像錯過了什麼，錯過了認識新朋友和體驗當地文化的機會。讓人不禁想走到街道上的心情，街上充滿用當地食材料理的美食店、以各種甜點和咖啡誘惑路

人的咖啡廳、販售平常接觸不到的地區資訊的社區書店、有當地居民聚會的路邊攤和酒吧……

　　仔細想想，世界上的海濱觀光景點都有魅力獨具的都市文化，例如卡梅爾（Carmel-by-the-Sea）、新港灘（Newport Beach）、半月灣（Half-moon Bay）、門多西諾（Mendocino）等美國加州的海岸名勝，都是可以讓人散步逛街和享用美食的小規模巷弄都市。

　　經常拿來和濟州比較的夏威夷、峇里島也有它們獨特的都市文化，這些度假勝地並非僅憑大自然和度假村才發展為世界級的觀光勝地，夏威夷和峇里島的都市文化發展也不亞於海邊和山區的發展。夏威夷的威基基海灘直通檀香山市商圈，北岸的小海邊也可以看到有很多小巧精緻的商店進駐的小村莊，而峇里島充斥著藝廊、工坊、美食店的烏布（Ubud）都市文化，正是峇里島吸引人的誘因。

　　可惜的是濟州島不是巷弄都市。擁有濟州市、西歸浦市、翰林、摹瑟浦港等大大小小的地區和六十萬人口的濟州島沒有完整的巷弄商圈，因此大自然、偶來小路、海邊、山岳，還有遠離都市又孤零零的博物館、美術館、咖啡廳，都難以滿足成為旅行趨勢的都市旅人需求。

　　然而曾經是都市文化沙漠的濟州開始發生變化了，變化就發生在濟洲市的舊都心，這裡開始聚集有個性的商店和濟州的

年輕人。

　　新崛起的巷弄商圈地區是名為塔洞的舊都心北海岸地區。塔洞海邊聚集了飯店、商店街、文化設施，巷弄商圈則是以主幹道塔洞路南端的雙向單線道為中心形成。巷弄商圈出現了黑豬肉街，也進駐了年輕人喜歡的美食店，如 All That Jeju、味親廚房等。

　　喜歡塔洞巷弄文化的人是在濟州工作的年輕上班族。若說大學生常去又位在市政府附近的商圈是濟州的「新村」，那麼塔洞可以算是有財力且喜歡現代都市文化的專業人士所聚集的「弘大」。舊都心對巷弄創業者來說也很有魅力。All That Jeju 的主廚兼老闆金慶根說過，他想在舊都心的巷弄裡開一間自己想要的店。

　　我們打從一開始就希望開一間以島上居民為客群的小餐館，因此唯有開在市區才能養出常客。濟州島的大眾交通並不發達，如果開在郊區，喝完酒要回家會很不方便。

　　──鄭多雲著，《在濟州靠什麼維生呢？》（南海的春日，二〇一五）

　　原本落後的塔洞地區是如何復活成為年輕上班族和創業家喜歡的巷弄商圈呢？靠近舊都心，是商圈復活的原因之一。

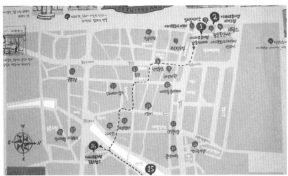

上：夏威夷歐胡島北岸的商店街。
中：塔洞的美食店味親廚房。
下：通到阿拉里奧美術館的塔洞阿拉里奧路地圖。

　　雖然失去了過往的活力，但是濟州舊都心仍是重要的商圈，不只有東門傳統市場，還有餐廳、工坊、服飾店、工藝品店等。

　　地區市民團體和文化團體為了增加居民對舊都心文化的關心，發展出以觀德亭、七星路、陳城洞、五賢堂等文化遺跡為中心的巷弄之旅，以及主辦耽羅文化祭、法國電影節等各種文化活動。

　　然而塔洞地區在變成都市旅人喜歡的巷弄商圈過程中，有個重要的轉捩點，就是新的都市企劃者登場。那個人便是二〇一四年起，足足在塔洞開了四間美術館的阿拉里奧美術館代表金昌一。他開設美術館的目的即是都市再生。

　　舊都心再生一定要有文化。他關注塔洞的理由是因為這裡有後巷，只要再多一點精緻的美，濟州便有機會發展為世界矚目的景點。

　　阿拉里奧美術館經營了 Tapdong Cinema、Tapdong Bike Shop、Dongmun Motel I、Dongmun Motel II 等四間美術館，美術館的設施和位置很有趣。一號店 Tapdong Cinema 是阿拉里奧複合文化區的重點「商店」，以 Tapdong Cinema 為中心打造美術館園區的阿拉里奧美術館開放豬排店、麵包店、手工啤酒店進駐園區，並買下對面的建築物，開設直營的義大利餐廳和咖啡廳。

二號店 Tapdong Bike Shop 建築便在園區旁。最近開幕的 Dongmun Motel I、Dongmun Motel II 則位在朝 Tapdong Cinema 東南方步行約十五分鐘的山地川。從地圖上來看，這四間美術館彷彿圍繞著塔洞商圈。

阿拉里奧開墾巷弄商圈的野心不僅於此。阿拉里奧直營的 A Factory Bakery [3] 提供標有美術館位置的地圖，介紹四周的美食店。地圖上始於 Tapdong Cinema，終於 Dongmun Motel II 的阿拉里奧路，看起來就像塔洞商圈的主要巷弄。

阿拉里奧美術館還經營可以從新的角度體驗塔洞巷弄商圈的「濟州一日遊」，參加者可以一窺塔洞巷弄的生活和其中的故事，為觀光客帶來新的都市文化體驗。參觀之旅從阿拉里奧美術館開始，接著是園區內直營的塔洞大豬排 [4] 和 Magpie Brewery，最後在專家的解說下，參觀四間美術館的各種展覽。

專家對於阿拉里奧美術館設計的活動抱持正面的評價。文化藝術家白鏞成對於以藝術經營為切入點的商業設施評價很高，對活動和舊都心再生事業的綜效也抱持正面的看法。《經濟評論》（*Economic Review*）的記者李才政說：「阿拉里奧的藝術（包含美術）活動呈現了明確的濟州市舊都心的再生藍圖，穩定地吸引觀光客進來。」

---

3. 現為 ABC Bakery。
4. 現已永久歇業。

　　阿拉里奧計畫的都市再生模式的創新性值得我們關注。私人或政府開設的美術館將都市文化升級且再生的實例很多,例如西班牙畢爾包古根漢美術館(Bilbao Guggenheim Museum)、洛杉磯蓋蒂博物館(J. Paul Getty Museum)、首爾大林美術館等,但是很難找到由私人美術館建立複合文化園區,努力直營商業設施並活化附近商圈的例子。

　　阿拉里奧計畫也展現了由韓國民間主導的都市再生成功的可能性。因為濟州島難以收集居民意見,導致推動舊都心再生事業的困難,例如濟州島自由都市開發中心(JDC)的 Outlet 建設計畫泡湯,元喜龍知事推動的「觀德亭廣場事業」未來也

阿拉里奧美術館直營的麵包店A Factory Bakery。

不太樂觀。

　　如果民間有像阿拉里奧美術館這樣憑一己之力就做到都市再生，政府有必要堅持按照不合理的日程推動這些計畫嗎？一邊支援民間再生事業，一邊等待和居民達成共識，也不失為明智的政策。

　　如果從弘大前、林蔭道、梨泰院等首爾巷弄的發展歷史來看，即可知道巷弄的變化是從民間開始。第一間店因為便宜的租金而開店，獲得成功後，創造了流動人口，也吸引了其他店家進駐，慢慢形成商圈，這是一般巷弄商圈的發展史。阿拉里奧美術館在塔洞所扮演的角色，正是能夠活化巷弄商圈、帶來

收購舊都心山地川前的汽車旅館，改建為阿拉里奧美術館Dongmun Motel II。

流動人口的「第一間店」。

目前說阿拉里奧計畫已經完成了為時尚早，塔洞的流動人口和商店密集度還不足以被稱作濟州的弘大。商圈內隨處可見的空店舖和倒閉的店舖便足以說明，巷弄裡還有很多有賴阿拉里奧美術館和其他都市改革家解決的事。

不過，即使如此我們還是不能低估阿拉里奧計畫的意義，因為它證明了即使沒有要求政府介入和支援，民間主導的都市再生仍可以持續進行。若有更多的文化創新家和都市企劃者以創新的商業模式打造都市的巷弄商圈，這不就是我們想要的都市和巷弄的未來嗎？

市區商店街的營造典範，
丸之內仲通

東京丸之內仲通。

　　丸之內一帶位在東京站和皇居之間的東京經濟首要之區。
這裡有日本政府和民間企業三菱地所打造的東京代表購物街，
相當華麗。國際都市東京現在也有舒適且華麗的市區購物街，
不亞於於紐約曼哈頓的第五大道或巴黎的香榭麗舍大道。

　　讓仲通誕生的丸之內都更事業始於一九八〇年代，因為是
由單一公司進行三十六萬坪（一百二十公頃）規模的都市更新

事業，所以一開始就飽受爭議，如不動產財閥三菱被選為負責企業、容積量大幅放寬、大型購物中心的建設、巷弄拆除等。經歷一波三折後，東京終於成功建造出一條大道。這是因為三菱地所對丸之內施展了魔術嗎？

　　首先，三菱地所忠於都市更新的整體性，吸睛的街道景觀有別於其他的都更事業。公共藝術、禁止車輛通行的街道、花壇、行道樹、路燈、行人座椅在丸之內組織成美麗的街景。仲通裡充滿跳蚤市場、街頭展覽、露天咖啡廳，比曼哈頓的任何一條街道還要有生命力。

在禁止車輛通行的街道開設露天咖啡廳的丸之內仲通。

　　三菱一號館美術館、東京國際論壇相田光男美術館、丸之內大樓畫廊、街頭公共藝術等許多文化設施將仲通打造成文化街道，也提升了街道的格調。

　　復古建築也是其特徵，這裡保存和復原了明治時代的建築物，例如丸之內公園大樓一號館、KITTE 購物中心的郵局建築物正面、一九二三年竣工當時的丸之內大樓玄關等。人工搭建的大馬路感覺就像巷弄一樣，這種氣氛似乎不只是靠禁止車輛通行的街道就能營造出來的。這究竟是如何辦到的？箇中理由，久而久之慢慢浮現。

　　首先是高層大樓分成低層和高層，製造出錯視效果。《每日經濟》的朴仁慧記者形容：「就像在對齊眉毛一樣，低層部分的高度統一為三十一公尺，打造出整齊的街道景觀。這源自於一段歷史，以前日本飽受地震之苦，當時沒有現在的抗震技術，所以曾經將建築物的高度限制在三十一公尺以下。」

　　還有排成一列縱隊的行道樹。行道樹又高又茂盛，彷彿快將街道覆蓋，比起走在高樓大廈之中，更像徜徉於茂密的叢林小道中，走著走著，就讓人不小心忘了高層建築的存在。此外，這裡也成功地刻意打造出密集的隨機性看點。在街上和大樓內可以同時感受到看點的密度，長長延伸的高樓商店街配置了密密麻麻的小店，提高了密度，讓人能夠一邊走過高樓大廈，一邊一個接一個地逛商店。

上：保存明治時代建築的丸之內公園大樓一號館。
中：在高樓之間的道路上營造出巷弄氣氛的行道樹。
下：打造出密集看點的高樓低層商店街。

上：丸之內大樓內購物中心大廳。
中：仲通的巷弄丸之內紅磚廣場。
下：畫有明治時代一丁倫敦風貌的壁畫。

　　天花板挑高的大廳、又大又寬敞的建築物內部所帶來的寬敞感，令人印象深刻；大樓內的開放空間畫廊、公共休息空間、藝術品、宣傳海報等，充滿了都市感和現代感。

　　以各種方法製造隨機性，也是仲通的魅力，最引人注目的革新是視覺上很和諧的各式建築。雖然蓋了新的高樓，但是隨處可見被保留下來的近代建築，其中在大馬路旁打造的巷弄商圈丸之內紅磚廣場（Bricks Square），以雕像和設計突顯新式建築的近代感，展現出新舊建築共存的奇妙都市氣氛。

　　三菱地所決定進行的丸之內都更事業名稱，正是「曼哈頓計畫」。一九八〇年之前，日本政府擔心地震，將丸之內的建築高度限制為三十一公尺。當規定放寬，發展出抗震設計技術，丸之內的建築師便在東京重現紐約曼哈頓的摩天大廈和文化，更進一步從一開始就積極引進 Dean & Deluka、Brooks Brothers、Kate Spade 等紐約品牌，營造出紐約的感覺。

　　三菱集團主導丸之內都更計畫近二十年，透過子公司三菱地所持有 30% 的丸之內建築（約一百棟中有三十幾棟），東京三菱 UFJ 銀行、明治安田生命保險、三菱商社、三菱電器等三菱集團子公司的總公司都設在丸之內。

　　三菱的丸之內歷史可以追溯到明治時代。自江戶時代丸之內就是貴族居住的地方，在明治維新之後，變成日本陸軍的兵營所在地。一八九〇年三菱集團買下這片地，開發以東京為中

心的商業區。因為三菱以英式紅磚建造這一帶的建築，所以人們稱這一區為「一丁倫敦」。

一九八○年代末日本經濟泡沫化，身為日本經濟中心的丸之內地區處於空洞化的危機。一九九○年代後期，三菱集團開始對十多年來處於低潮的丸之內展開都更計畫，一個企業能長期持續地開發特定區域正是推動丸之內都更的動力。

首爾大國際學系朴喆 教授曾說，我們應該注意這點：「這並非政治人物想要樹立政績而開始的計畫，而是民間自發性展開的事業」。也就是說，持有特定區域大量房地產的企業並非以追求自身利益為目的，而單方面推動開發事業，而是為地區樹立雙贏的機會，藉此獲得當地居民的肯定。

三菱長期在商圈管理上投資也有顯著的效果。三菱開發商店街並非以販售為目的，而是以房東的身分出租，扮演起有實質意義的開發者角色，引進吸引人的品牌，整合管理商店群。

此外，政府堅定地進行都市再生的努力也奏效了。二○○○年日本政府引進「空中權」（air right）的概念，鼓勵建蓋高樓建築。

所謂的空中權是指可以販售某個建築未使用的容積率（基地面積和建築總面積的比例）。丸之內地區的規定容積率為 1,300%，二○○七年四月開幕的新丸之內大樓（Shin-Marunouchi Building）就買下了東京站未使用容積率的 500%，

將自己的容積率擴增到 1,800%。

二○○一年上任的首相小泉純一郎積極投資首都圈，努力克服伴隨經濟泡沫化而來的景氣和房地產蕭條。在小泉政府的努力下，二○○○年代東京開始了以東京站、六本木、赤坂地區為中心的大規模都更事業。

透過都更讓景氣回溫的努力也一直延續到安倍晉三政府。現在日本政府為了迎接二○二○年東京奧運，正在推動以丸之內、新宿、澀谷、神田等東京主要副都心地區的都更事業，建設大規模的辦公大樓和購物中心。

即使在政府的支持下，大企業三菱帶頭指揮的丸之內都

目前還有一部分保留下來的有樂町立食居酒屋。

更事業還不能說是完美。從各個角度來看，丸之內都更事業還
是有遺憾之處，首先庶民的溫馨晚間文化消失了，也很難找到
位於丸之內和銀座之間，以前傳統上班族流連忘返的遊興場所
「有樂町」的舊面貌。有樂町地區直到一九九一年為止，還有
很多東京都廳的公務人員喜歡去的餐廳和居酒屋。

　　而且，也很難說東京站附近被開發得很美。如果從原為郵
局建築的購物中心 KITTE 的空中花園往下眺望，看到的是被高
樓大廈包圍的東京站。感覺壓迫著東京站的大樓，看起來不再
像漫步於商店街時，讓人感到舒服的建築物。東京站是東京的
地標和具代表性的近代建築遺產，在其四周蓋起林立的大樓，

被大樓包圍的東京車站。

到底是不是正確的方向呢？

　　更重要的是丸之內和仲通商店街未來的不確定性。全球市區商店街的成長明顯趨緩，就連紐約的第五大道也不例外。最近雷夫羅倫（Ralph Lauren）等許多時裝名牌都因為高租金而關掉第五大道的旗艦店。

　　威脅紐約第五大道的名牌店不只是線上購物中心，還有巷弄各處以有個性、客製化服務作為競爭的小規模精品店也逐漸增加。因此，一直以來保守地仰賴名聲和排他性（excludability）的市區高級商店，正因為技術發展和價值變化面臨一場苦戰。

　　大規模商業設施的開發是否能持續創造新的產業和工作機會也是問題之一。將總公司設立於丸之內地區的企業，不論新舊大部分都是三菱集團旗下的公司。目前還未聽說日本創意產業被丸之內地區的魅力所吸引而聚攏，大概只有澀谷地區能憑藉有魅力的青年文化而吸引到年輕的創業家。

　　考慮到長期的威脅因素，丸之內的開發仍屬進行中的計畫才對。日本經濟正式回溫，政府為了準備二○二○年的奧運，計畫針對包含丸之內在內的都心地區進行大規模的都市基礎建設投資，所以丸之內的地區經濟應該暫時還會保持成長的趨勢。

　　不過仲通街道獲得的設計評價不一樣，不只獲頒多項建築界的設計獎項，丸之內仲通事業也被 OECD 等國際組織選為其

他都市的都市再生模式標竿。從某方面來看，仲通可以說是由日本政府克服「失落的二十年」的強烈意志，和大企業對地區開發的執念所共同創造的力作。

公共藝術與張振宇餐廳
合作打造的光州巷弄

光州Cook Folly清味莊前院。

　　文化之都光州是公共藝術之都。光州市利用裝飾性建築事業的企劃作品，和亞洲文化殿堂、市立美術館等展示的公共藝術，一起裝飾都市的街道。光州裝飾性建築（Gwangju Folly）事業是指在都市的街道上，設置世界級的建築師和藝術家打造的小型裝飾型建築（folly）。自二○一一年起，截至二○○七年為止已進行到第三期工程。

　　公共藝術不知不覺成為全國落後地區和活化巷弄事業的
常見項目，最普及的公共藝術事業就是壁畫村。從二〇〇七
年統營東皮郎坡開始的壁畫村事業擴展到全國，韓國的公共
藝術風潮也深受西班牙畢包爾古根漢美術館、蘇格蘭蓋茨黑
德（Gateshead）的「北方天使」（The Angel of the North）雕塑
等海外成功案例的影響。

　　那麼公共藝術必須得是單純的藝術作品嗎？雖然光州
Folly II 所企劃的「布帳馬車」、「夾縫飯店」（In Between Hotel）
等部分公共藝術具備實用的用途，但大部分還是發揮了藝術的
功能。難道在都市人的生活中，無法加入貢獻更直接的公共藝
術嗎？

文化之都光州的重要文化資產亞洲文化殿堂。

上：設置於光州壯洞十字路口的裝飾性建築「溝通小屋」（Communication Hut）。
下：完整保留廢墟痕跡的Cook Folly咖啡廳豆屋。

　　都市再生的目的是為地區社會注入活力和打造都市文化，為了達到這個目的，公共藝術是最重要的工具。適合步行的街道、各式各樣的低層建築、有品味的便利公共設施和街道景觀、充滿可愛小商店的商圈等公共藝術，都影響了整體都市基礎建設的水平。

　　尤其就滋潤生活品質和提供特別經驗的商業設施來說，設計是決定性的要素。在社群媒體行銷時代，商店若具備能經常出現在 Instagram 的建築、標誌、裝潢、商品設計等元素，就能成功吸引顧客。簡言之，只有「值得上傳到 Instagram 上的」商店才能存活下來。

　　對於喜歡記錄特殊體驗和喜好的都市旅人來說，街道和建築物的設計是評價都市魅力的重要標準。有特色的設計和建築物能夠表現出商圈的整體性，裝飾店舖的外觀才能引誘對地區經濟有重要貢獻的觀光客。

　　可惜的是，多數地方政府並不視商圈打造與再生為自身任務。政府祭出各種財政支援吸引製造業前來設廠，卻把對長期地區經濟來說更重要的商業設施拋諸腦後，這是不合時宜的政策。不過，即使政府親自收購、經營商業設施，在市場經濟中也很難取得成功。

　　就在全韓國的都市都在為了活化地區商圈而苦惱之際，光州出現了創新的商業設施引進模式，即由京畿大學千宜令教授

監督的光州 Folly III「吃吃喝喝的」Cook Folly 開幕了。

　　光州 Folly III 的主題是「都市的日常 —— 美味與時髦」，View Folly、GD（Gwangju Dutch）Folly、FunPun Folly、Mini Folly 等都是由和都市的日常密切相關的作品組成。光州 Folly III 共有十一個作品設立於山水洞和忠壯路。Folly I、II 雖然也是把目標放在功能和藝術的結合，但是實際上還是以藝術性為主，所以大家相當關注 Folly III 的 Cook Folly 嘗試結果。

　　有趣的是，咖啡廳豆屋（Congzib）和餐廳清味莊進駐的 Cook Folly，是由兩個建築物組成，並非出自一人之手。Formative Architects 建築事務所所長高榮盛將光州市取得的廢墟空間設計成再生建築，打造首爾張振宇街的張振宇代表則提供了 Cook Folly 的概念和內容，而實際上經營咖啡廳和餐廳的組織是當地的青年創業協會。

　　Cook Folly 建築對於活化舊都心有正面的意義，重要的是它的價值超越了融合商業和公共藝術的建築價值，更大的意義在於企劃者的大膽嘗試，也就是實現都市日常生活中的飲食生活和外食文化。因為過去在都市日常生活中很難找到如飲食生活般實用的文化，所以公共藝術家也未積極進行結合飲食生活商業設施的創作。

　　千宜令教授在一篇訪談中表示：「Cook Folly 為空洞化的衰退都市注入活力，以都市再生型兼美食店型的裝飾性建築重塑

懷舊滋味的形象。」表達想將藝術、飲食生活、商業設施連接起來的抱負。

Cook Folly 也提供了新的都市體驗。光州市民可以在 Cook Folly 體驗公共藝術的公共性和商業設施的日常性、消費性，這裡沒有高談闊論或民主主義理念的包裝，而是站在將都市文化滲透到市民生活的小型都市文化最前線。

Cook Folly 的兩間屋子本來都是公共廢墟，光州市將閒置於市區內的兩處廢墟，重新改造成裝飾性建築。站在都市再生的觀點來看，Cook Folly 的做法很新穎，而光州市聘請了打造張振宇街的張振宇代表來塑造餐廳和咖啡廳的概念，也是難得

金成植主廚在光州開的西班牙餐廳Estrella（東明洞店）。

的官民合作模式。

選定地區青年設立的協會來經營餐廳和咖啡廳也獲得了正面的評價。光州市要是把花人民納稅錢建設的裝飾性建築租給企業或既有的自營業者，地區居民會接受嗎？將 Cook Folly 租給青年創業家，市政府也可以合理支援商業設施。

值得關注的還有，Cook Folly 模式是新的商業設施再生模式。雖然地方政府曾經補助入駐傳統市場的青年創業商店，但是為了巷弄商圈的再生而直接投資商業設施，Cook Folly 可以說是首例。

參與 Cook Folly 計畫的張振宇代表是都市企劃者，他利用創業讓都市再生，被譽為巷弄大王，想證明「對外國人來說，韓國不是只有明洞、廣藏市場、林蔭道」。他在韓國各地創業，打造新的商業設施，例如梨泰院 Spindle Market、大邱 Marine Tacos、永登浦蛋糕工場、世宗市咖啡廳 I got everything 等，夢想「開發全國性的文化內容」。

推薦張振宇代表設計 Cook Folly 的人正是總監千宜令教授。若細數千教授的過去，可以發現 Cook Folly 事業並非偶然。他曾經上過一九九〇年代末期播出的 MBC《歡樂星期天》系列節目中的「重新開張」（讓店家重生的電視節目）和「Love House」（居家改造電視節目），是家喻戶曉的人物。最近他還規劃了聖水洞手工鞋街，長期以來持續實踐都市日常生活

中的建築改造事業。

　　節目「重新開張」介紹了建築和設計如何讓小商工人的店舖脫胎換骨，以各方面來說算是走在時代尖端的綜藝節目。這樣的節目精神，之後還延續到了大企業，如現代信用卡、新羅飯店等透過設計和諮詢，支援傳統市場和自營業者的餐廳，但是政府目前還是固守以小規模融資和保護巷弄商圈等小商工人政策，選擇保護而非強化他們的力量。

　　Cook Folly 於二○一七年一月開幕，雖然很前衛，但現在才正要起步，要判斷它已經成功還太早。商業設施 Cook Folly

寧靜的光州山水洞巷弄。

最終應該要獲得市場正面的評價,因為站在光州市的立場上來看,Cook Folly 吸引越多市民前去消費,政府支援這項事業才算合理。

因此,獲得地區小商工人的支持很重要。地區小商工人相當排斥光州市請首爾的企業張振宇株式會社加入,所以政府必須提供在地小商工人直接的優惠,才能平息在地人的民意。此外,光州市如何應對 Cook Folly 未來的縉紳化現象也是關鍵。Cook Folly 在山水洞,鄰近已經飽受縉紳化之苦的東明洞,因此若這項事業成功,縉紳化現象也一定會擴散。

現在光州市打算購買 Cook Folly 附近的建築物,打造裝飾性建築、文化設施等公共建設,以此對付縉紳化,但是我們不能保證這是否是有效的公益設施供給政策。從制度上合理管理租金上漲,將會決定有縉紳化風險的地區未來。

技術發展和價值的變化正引領著我們走向未知的經濟型態,如共享經濟、後物質主義經濟、零邊際成本經濟等。雖然這些是未知的領域,卻也是新的挑戰實驗。我們正朝著新的共享經濟前進,不需刻意將商業和政府領域一分為二。光州 Cook Folly 的例子讓我們看到,為了讓落後地區以可持續性的方法再生,就必須引進有競爭力的商業設施。

在大田聖心堂街看到的舊都心未來

大田舊都心聖心堂街道地圖。

　　大田麵包店聖心堂的炸菠蘿麵包家喻戶曉，只要講到全國五大、十大麵包店一定會介紹聖心堂，只要提到大田，也一定會想到聖心堂，但是知道大田舊都心有一條聖心堂街的人應該不多。

　　旅客走進這條街，總會駐足在四層樓高的洋房聖心堂蛋糕精品店前。第一次來的人可能會誤會這棟建築就是聖心堂的總

店，但是要從這裡再走一個街區，才會看到聖心堂的總店和大型炸菠蘿麵包的招牌，本店對面則是傳統糕餅專賣店聖心堂古早味手藝。

雖然聖心堂、聖心堂蛋糕精品店、聖心堂古早味手藝等聖心堂三大糕餅品牌是這條街道的核心設施，聖心堂外食事業部經營的餐廳，如 Flying Pan、Terrace Kitchen、Piatto、烏龍麵屋等餐廳也聚集在這條街上，可以說是由地方企業聖心堂所發展出來的飲食文化街，在韓國的其他都市找不到相同的案例。

聖心堂街的地址是大宗路四百八十號號街，正確來說是位於大宗路和中央路一百五十六號街之間，大宗路四百八十號街兩個街區的範圍。聖心堂所在的地方是大田的舊都心，是典型的都市空洞化地區。直至一九九〇年代為止，大田車站一帶仍是全國數一數二的地區商圈，但是因為新都市開發和公家機關遷移的緣故，成了人煙稀少的再生對象地區。只要一脫離整天擠得水泄不通的聖心堂街，就可以感受到施工中斷的建築物、空蕩蕩的商店、破舊的招牌等空洞化地區淒涼的氣氛。

難道沒有辦法為這樣的舊都心注入生命力嗎？為了吸引重視自由生活和喜好的年輕人及都市旅人，舊都心必須擁有自己的特色。

上：大田舊都心聖心堂街入口。
下：聖心堂傳統糕餅品牌聖心堂古早味手藝。

　　大田一直以來都在孤軍奮鬥，舊都心再生成了大田市上下最關心的議題。民選六期的權善宅市長也在推動舊都心再生，並視其為優先事業，最近市長還被國土交通部選為經濟基礎型的都市再生事業者，積極推動改造舊都心的地標舊忠南道廳建築，作為文化平台。

　　大田市也仍然繼續在科學技術文化、近代文化、鐵路文化中努力尋找舊都心的未來。從利用忠南道廳建築推動自造者產業培育事業，可以看出大田市想從以大德研究園區為中心的科學技術文化中，找到舊都心的整體性。大田市積極保護和復原舊都心近代文化建築，可以看出政府也認為近代文化是舊都心的特色之一。從大田站四周密集的鐵路設施，也可以看出鐵道文化也是舊都心整體性的一部分，因此中央市場也更名為中央鐵道市場。

　　大田市的舊都心再生成果正在文化領域中一點一點地萌芽，透露著希望。中橋路文化藝術街即代表性的例子，大田的年輕人喜歡在這裡聚集。這裡匯集了藝廊、美術館、獨立書店、咖啡專賣店、表演設施等，但還不達重登文化重鎮地位的水準。大田市還在煩惱如何加速再生事業的發展時，但我們可以從聖心堂找到解答。

　　對一般市民和大田的觀光客來說，大田的舊都心，不，大田的象徵是聖心堂。所有的大田人都有關於聖心堂的回憶，這

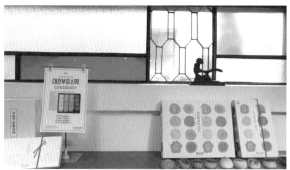

上：舊都心文化藝術地區的獨立書店代表「都市旅人」。
中：大田的近代文化代表性建築舊忠南道廳建築內部。
下：聖心堂五十週年紀念品牌「大田布魯斯」。

裡才是大田整體性的核心。市民到現在也還是會送聖心堂的麵包給外地人,可以看得出來他們對聖心堂的愛戴。

大田市應該思考與其發展新的特色,不如讓已經成為特色的聖心堂街往更好的方向發展。考慮從無到有的難度,與其重新開發和培育不存在的主題,不如保護和扶植原有的資產,這才是都市再生的精神。

聖心堂街要發展成烘焙小鎮,需具備的條件是什麼呢?首先,應該先區分「聖心堂該做的事」和「大田市該做的事」。若社會希望聖心堂盡到的社會責任或義務,是糕餅事業上的發展,當務之急尤其是培養能夠獨當一面的烘焙產業人才。

聖心堂在獨立烘焙事業發展的貢獻,大眾有目共睹,聖心堂出身的人才在各地創業,自營麵包店。目前的補習班都未能好好培養麵包師傅,唯有聖心堂這些中堅糕餅店成立糕餅補習班,支持畢業生創業,人才教育才會有劃時代的變化。

大田市應該適時支援糕餅文化的產業化和打造烘焙小鎮。聖心堂已經是年銷售額達四百億韓元,雇用人力達三百五十人到四百人的中堅企業。若提供聖心堂原料的合作企業、聖心堂旗下的餐飲企業、前來造訪的觀光客帶來更多商機,那麼聖心堂早已是舊都心的主要產業。大田市應該以此為基礎,找出打造聖心堂烘焙小鎮的策略。

大田市若能透過創業,吸引新的企業和商店加入以聖心堂

為中心的糕餅產業，舊都心可能會形成韓國具代表性的街道型糕餅產業群聚。舊都心的街道將有甜點咖啡廳街、糕餅產業創業支援中心、糕餅補習班、獨立麵包店等商店進駐，變成眾所期待的烘焙小鎮。

將糕餅業工廠引進舊都心也能加快糕餅的產業化。許多大田的地方自治團體已經多次向聖心堂提議打造糕餅主題樂園，但是與其打造人工的主題樂園，不如將聖心堂的工廠聚集在靠近聖心堂街的地方作為產業觀光資源，如此一來效果更佳。因為人為刻意建蓋的設施，不可能比工廠來的真材實料。

相同的案例有西方的赫氏巧克力世界（Hershey's Chocolate World Attraction）。赫氏巧克力在一九七〇年於賓州赫爾希建立巧克力鎮，提供了各式各樣的景點和遊樂場所，如場內穿梭列車（tour ride）、欣賞 3D ／ 4D 秀、參觀巧克力工廠、販售巧克力產品等。二〇〇九年有教育性質的「赫爾希故事館」（The Hershey Story Museum），舉辦優質的展覽為地區發展貢獻良多。

不過打造烘焙小鎮，最重要的還是大田市和聖心堂的積極合作。只要大田市有決心，兩者的合作就有可能成功。大家都知道聖心堂並非單純的糕餅店，而是國內外專家都在關注的後物質主義時代的新企業模式。

聖心堂秉持的經濟哲學是「共融經濟」（Economy of

Communion，簡稱 EoC）。「EoC 是相信企業可以透過經營共同實踐善行，將此付諸實現的經濟概念。」這是篤信天主教的創業家族在天主教另類學校（alternative school）學到的另類經濟哲學。二〇〇七年聖心堂以 EoC 理念為基礎發展的企業展望就是彩虹計畫，其意義為尊重各自的個性，達到整體的和諧，就如同七色彩虹一般。

　　觀察聖心堂在地區實踐的貢獻實績，就可以知道聖心堂是舊都心再生事業最理想的搭擋。聖心堂自初期起，就遵守當天製造、當天販售的原則，剩下的麵包隔天早上便捐給地方團體和流浪漢，最近還拓展了行善的領域，贊助獎學金、韓國鐵路福利、非洲地區。

　　聖心堂的地區貢獻值得注意的真正原因是大田的品牌策略。走到聖心堂，便能看見「聖心堂是大田的文化」、「我的都市，我的聖心堂」、「聖心堂，一九五六年以後的韓國大田」、「大田布魯斯」等，幾乎所有招牌、包裝、海報都有「大田」兩個字。像聖心堂般如此熱愛自己的發源地的韓國國內企業非常少見。這樣的熱愛來自於對市民的感激之情，二〇〇五年聖心堂遭遇祝融之災，在重振旗鼓的過程中，大田市民的支持始終如一。

　　聖心堂對大田的熱愛，不只在於標語和品牌行銷。即使首都圈的百貨公司提出駐店邀約，聖心堂也仍堅守大田總公司、

上：滿滿以大田為行銷主題的總店裝潢。
下：二〇一六年開幕的聖心堂六十週年展覽入口。

大田賣場的原則。目前正在營運的賣場有總店、大田站店、大田樂天百貨賣場店等，三間店全都在大田。聖心堂拋棄透過連鎖市場建立全國生產網，選擇以地區為中心的發展策略，由住在同一地區的員工、消費者、合作企業來建構地區產業生態圈，宣揚其作為地區代表的使命感，維持不變的品質和味道，吸引全國的消費者來到大田的賣場。

　　聖心堂和地區一同成長的意志也表現在二〇一六年秋天，於舊忠南道知事公館舉辦的六十週年紀念展。聖心堂投入不少的預算，很有誠意地蒐集大田地區和聖心堂的共同歷史，並展示出來。金美津理事表示有機會的話，希望能在舊都心另外準備場地，設置永久的展場。

　　因為韓國的反企業情緒強烈，所以事實上很難推動容易引發特權爭議的官民合作事業，但仍應該以有創意的發想來尋找克服政治限制的方法。像是擴大參與企業、長期出租市有地或公共廢墟、鼓勵青年創業家參與和支援等官民合作模式，都是可以克服特權爭議的雙贏辦法。

　　烘焙小鎮不是舊都心再生事業的全部，大田市應該同時專注於拓寬人行道和增加人行穿越道，打造適合人行走的街道。此外，也需要投資基本的都市基礎建設事業，例如為了保存各式各樣的低層建築，將集合式的新建案降到最低等。最終都市再生的成功與否，仍取決於人口的流入和企業的引進。將舊都

心變成宜居又適合旅行的地區，應該是包含烘焙小鎮在內的所
有再生事業的目標。

拯救都市成了大學的任務

雪城（Syracuse）市中心道路。

　　位於美國紐約北部的雪城大學（Syracuse University）入口離雪城市中心的街道只有一哩，但是一九五六年建於兩地區之間的八十一號高速公路卻決定了它們的命運。雪城大學雖然是聚集世界人才的名門大學，但是和大學分離且中產階級出走的市中心成了乏人問津的幽靈都市。

　　然而二○○五年，市中心開始吹起變化的風潮。大眾交通

路線擴大，自行車道開通，新的商店進駐，最大的變化是街道的顏色，市區街道充滿了象徵雪城大學的橘色。這究竟是怎麼回事呢？

都市再生的主角是雪城大學。雪城大學二〇〇五年都市再生的第一個工程就是設計學院的搬遷，學校買下市中心西端的倉庫重新改建。因為改建落後的市區建築和整頓街道是連通道計畫的主要事業，所以把推動這項事業的設計學院搬到離現場近一點的地方。

雪城大學和市政府從二〇〇五年起便投入將近四千七百萬美元的預算改建大樓和街道，十年間改建的大樓共有五十五棟，一下子便抓住眾人視線的橘色都市景觀便是努力的成果。

連接校園和市區的自行車道和大眾交通網絡的擴充，也同時和校園設施搬遷、建築物和街道再生同步進行。二〇〇六年開通往返校園和市區的公車路線後，人行道和自行車道依序開通，道路也多了美麗的行道樹和路燈來裝飾。

成果之驚人不僅止於外觀，還有整個經濟體質也變了。市區流動人口增加，公園、藝廊、餐廳等都市寧適設施增加，新的企業也開始入駐。

雪城大學和市政府的終極目標是復原地區產業。雪城直至一九五〇年為止，都還是美國首屈一指的工業都市，美國最大的製造業企業 GE 的國防產業工廠、最大的冷氣製造公司開

利（Carrier）總公司和工廠、打字機企業 Smith Corona 等雇用數萬名勞工的企業都在這裡。然而雪城和其他工業都市一樣，難逃沒落的命運，後工業（post-industrialization）經濟的餘波破壞了都市的根基。這一切都從地區企業為尋找便宜的勞工，將工廠遷至南部地區開始。

雪上加霜的是，支撐地區產業基礎的重要角色，即共同體也崩潰了。中產階級出走，從市區大舉遷移到郊外，市區也因為高速公路的建設而四分五裂。時間一久，市區便淪落為低所得階級所居住的貧民窟。

一九六〇年代以後，雖然雪城也嘗試推動各種都市再生事業，但還是難以防止都市的衰落。最後讓都市分裂的高速公路，原本也是為了復甦地區經濟才進行的工程。一直以來靜觀市區衰退的雪城大學到了二〇〇〇年代中期發生了改變，因為年輕族群的價值和消費文化改變，而開始意識到地區共同體和都市文化的重要性。

隨著四周環境和都市寧適設施成為年輕人選擇大學的基準，學校也開始摸索和都市相輔相成的方案。二〇〇五年就任的南西・康托爾（Nancy Cantor）校長的個人遠見也扮演了重要的角色，他是一位強調大學的地區社會參與和責任的行政家，在伊利諾大學（University of Illinois）、羅格斯大學（Rutgers University）時也曾積極推動地區開發事業。

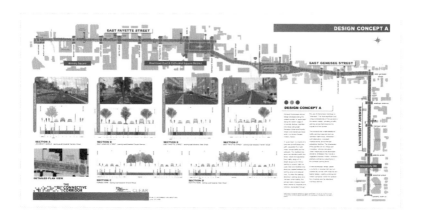

上：連通道計畫的設計概念圖。
下：搬到市區的設計學院正門。

　　雪城的成功故事並非例外，都市再生成功的工業都市和雪城一樣，都是以地區大學為槓桿，扶植教育和醫療產業，引進新的產業。二〇〇〇年代中期，匹茲堡（Pittsburgh）、克里夫蘭（Cleveland）、雪城幾個工業都市的人口增減趨勢艱辛地由減少轉為增加，於是二〇一三年《大西洋》雜誌（*The Atlantic*）提出了有趣的主張——大學掌握了美國工業都市的命運。作家賈斯汀・波普（Justin Pope）觀注底特律的破產時，提出了疑問：「如果底特律有名門大學，是否都市的命運就會有所不同？」

　　的確，大家都知道底特律沒有名門私立大學，只有代表密西根州的高等教育機構密西根大學，而且位在需要一小時路程的安娜堡（Ann Arbor）。

在雪城創業的國際冷氣製造企業開利離開後，
留下的體育館建築是唯一的遺產。

　　另外，戰勝製造業結構調整餘波的工業都市的共同點，也是因為有名門私立大學，例如匹茲堡的卡內基美隆大學和匹茲堡大學[5]，和克里夫蘭市區只有十分鐘距離的克里夫蘭大學城內也有研究型大學凱斯西儲大學。

　　關於都市再生，專家把焦點放在大學的角色，因為大學校園和附設醫院不僅能創造地區內的工作機會，還能透過註冊費、醫療費、研究費收入為地區經濟提供貢獻。以大學為中心推動都市再生運動而重生的代表性創意城市就是匹茲堡，完全擺脫一九五〇年代的鋼鐵都市形象，脫胎換骨成為保健、生物科技與 IT 都市。二〇〇九年還被選為美國最宜居的都市，以聚集創意人才、充滿活力的形象重新出發。

　　匹茲堡的軟體產業、生物科技產業發展基礎是匹茲堡大學的研究基礎建設。卡內基美隆大學也以世界最高水準的計算機工程系為基礎，扶植超過一百七十間企業。匹茲堡大學附設醫院的年銷售額達一百億美元，雇用了五萬四千多名員工，不只為地區創造工作機會，還以支援地區保健產業的研究活動，為地區經濟的發展做出貢獻。

　　韓國的工業都市也正面臨後工業經濟危機，為了克服危

---

5. 美國匹茲堡大學成立時為私立學校，1966 年加入賓州聯邦高教系統後轉為公立大學。美國匹茲堡大學成立時為私立學校，1966 年加入賓州聯邦高教系統後轉為公立大學。

機，應該思考地區大學的角色。岌岌可危的地區經濟唯一可以打破僵局的關鍵就是和大學相互依存發展，然而韓國大學並未把自己當成地區大學。若想解決這個問題，政府必須先強化韓國大學的地區整體性，支援以大學為中心的產學合作園區和創業支援中心。

紐約身為世界經濟的中心地，為了扶植高科技產業，最先開始進行的事業也是引進大學。二〇〇八年全球金融危機後，推動紐約經濟多元化的市政府為了建構 IT 產業生態圈，在羅斯福島（Roosevelt Island）地區規劃了大學校園用地，透過公開招募，選拔了康乃爾大學和以色列理工學院。市政府期待這些大學能像使丹佛大學和矽谷，成為紐約打造新興產業生態圈的基石。

同時，韓國應該全面檢討以調整入學名額為主的韓國地區大學政策。如今地區經濟情況惡劣，地區大學是吸引外部人才和創新及創業的唯一基礎。面對大學教育需求減少而進行地區大學結構調整的做法，顯示當局者目光如豆，僅把大學當作教育機構。

政府應該將地區大學打造成能夠主導地區經濟成長的研究開發機構。從製造業結構調整開始，韓國便切身感受到後工業經濟的危機，最先遭殃的對象就是工業都市。還好先進國家的經驗提供了克服後工業經濟的公式，建設以地區大學為中心，

改革原有產業，創造新興產業的都市是唯一的方法。中央政府為了培養地區經濟研究開發機構，必須重新思考目前的政策，地方政府也必須盡全力和大學攜手打造自主的創新生態圈。

韓國需要以大學為中心強化地區經濟力的地方，是恐因後工業經濟而導致市區空洞化的地區工業都市。雖然聽起來很矛盾，但是應該最先站出來活用大學來發展地區經濟的都市，就是首爾。

首爾市於二〇一六年結合大學人才和大學街文化，開始打造能夠扶植新興創造經濟重鎮的校園鎮（campus town）。二〇一六年六月轄區內五十二所大學之中，以推動意志最為強烈的高麗大學為中心所打造的「安岩洞創業文化校園城」作為示範，十二月選出了十三所大學作為第一階段的施行對象。被選中的大學三年間可獲得最高六到三十億韓元的預算支援，來推行大學和四周區域所需的事業，如青年創業諮詢、強化地區共同體、改善步行環境等。

目前正在進行的大學街都市再生事業中，最受矚目的地區就是新村，若這裡能夠復原為大學文化和青年文化的重鎮，對以大學為中心的都市再生事業一定如虎添翼。

象徵新村的青年文化和時尚文化自一九九〇年後便轉移到了弘大，現在的新村已經淪為上班族玩樂的地方。市政府正努力以「無車街道」和文化活動復興新村商圈，但是商人反而卻

因為都市再生而找回活力的梨花女大五十二號街。

抱怨因為大企業連鎖店的進駐和汽車可及性降低,導致商圈的蕭條。

　　依照雪城模式來看,最適合引領新村商圈再生的大學是延世大學。從世界趨勢來看,位在充滿魅力的市區商圈的大學總是首選。

　　若新村持續落後,也無法保障大學的未來,延世大學若意識到這點,就應該要果斷地站出來主導都市再生。雖然規模小,但是梨花女大二○一六年透過行政機關中小企業廳的傳統市場支援事業,成功推動了正門前巷弄商圈的再生事業。租下巷弄內閒置的商店,支援學生創業,「梨花女大五十二號街」

現在也進駐了設計獨特且有個性的店舖。

　　因此，延世大學應該效仿雪城大學的模式，設立都市環境研究所或設計研究所，培養能夠活用市區地理優勢的跨學科都市學。新設機構入駐的建築裡，可以引進讀書咖啡廳、小劇場、獨立書店、選物店等符合校園鎮的商業設施。就像仁寺洞的森吉街一樣，新村商圈的新招牌商店，也能帶動商圈整體的變化。

　　以大學為中心的都市再生模式不再是其他國家的事，大學之所以必須成為都市和地區開發的主體，原因很簡單，因為知識、人才、文化等決定都市經濟力的核心資源全都聚集在大學。能和地區大學攜手合作，帶領產業創新的都市才能為韓國開啟以地區為發展重心的時代。

第六章 —— **縉紳化的加深和應變**

縉紳化，是需要預防的疾病嗎？

舊金山市區的多洛瑞斯公園。

　　區域不平等（regional inequality）會讓產業和商圈空洞化並削弱共同體，是韓國需要解決的嚴重社會問題。首都圈和非首都圈的差距，不僅僅是造成成本的不對等，現在韓國的所有都市都正為新都市建設所造成的舊都心落後問題所苦。

　　舊都心的再生長期以來被視為無計可施的問題，直至二〇〇〇年代初期所有人都還是束手無策。可是二〇〇五年前

後，首爾舊都心發生了意象不到的事情，以弘大、梨泰院、三清洞為首的首爾江北巷弄商圈，成為年輕人和外國人喜歡的新興商圈。本來總是到百貨公司和大賣場吃喝購物的消費者，將注意力轉往巷弄，被那裡充滿有個性的商店所吸引。

站在地區發展的角度來看，巷弄商圈的崛起相當於天上掉下來的禮物，沒想到巷弄商圈竟會成為舊都心再生的動力。從幾個巷弄發展起來的巷弄商圈潮流，很快便席捲首爾市，甚至擴散到全國。

然而看似一帆風順的巷弄商圈卻觸礁了。那些受歡迎的商圈崛起不到十年，便開始受到縉紳化的威脅。「縉紳化」的概念來自西方都市，指因為租金和房價飆漲，高所得階層遷入而逼走了原本居民的現象。縉紳化爭議讓刺激巷弄經濟作為地

擴散到全國的縉紳化爭議。

區發展動力的計畫踩了煞車。階級、人種之間的矛盾早已成為痼疾的西方都市出現趕走原有庶民階層的居住縉紳化，絕對是一件嚴重的社會問題，但是首爾巷弄的縉紳化與傳統定義上的「庶民居住地高級化」差距甚大。

　　若西方的縉紳化是包含居住區和商業區的整體區域高級化，那麼首爾巷弄的變化目前只限於商業街。雖然因為租金上漲而轉戰他處的商人增加是事實，但非商人的居民並未出現大量搬遷的現象，因為韓國的巷弄至少目前還不是上流階層和中產階級喜歡的居住區，因此還未引發居民大規模遷居的現象。

　　儘管和西方國家有程度上的差異，但是首爾的反縉紳化情緒也和西方國家一樣，充滿否定與敵意。若放任社會中的反縉紳情緒惡化，我們可能會永遠失去都市再生的機會。

　　關注縉紳化的人批判此現象乃出於以下理由。首先，巷弄商圈的發展犧牲了把該區域當作據點的居民。即使巷弄商圈發展倚靠的是藝術家、自營業者、獨立店家的努力，但是他們並未獲得正面結果。商圈活絡造成租金上漲，房東就會要求提高租金；無法接受房東漲租要求的租客只好放棄店舖，搬到其他地區。

　　基於上述理由，為經濟能力較弱的租客帶來損失的縉紳化成為社會正義的議題，而解決對策也聚焦於如何保護屬於社會弱者的租客，不被屬於經濟強者的房東剝削。

　　還有另一項關於巷弄縉紳化的批判——因商圈高級化而消失的巷弄文化。繳交高額租金，進駐新巷弄商圈的商店為了提高利潤，販售比之前店家更加商業化、更千篇一律的商品，原本具有明顯特色的商店被大企業品牌的賣場或連鎖加盟店取代，令人覺得這是都市文化的退步。

　　不過，為了保持公平的觀點，我們必須從落後區域的再生觀點來評價縉紳化。縉紳化並非發生在首爾的所有地區，而是侷限性地發生在因為觀光客和流動人口增加而崛起的社區。站在落後地區的立場來看，縉紳化地區所發生的租金上漲、商圈結構變化是幸福的煩惱，因為發生縉紳化的地區，也是為了擺脫長期經濟不振的狀態，而努力至今的落後地區。

　　最近各式各樣的文化藝術家和文青都聚集在乙支路三街和鐘路區益善洞，這兩個地方都被認為是江北最有可能發展起來的巷弄商圈而受到矚目。這一帶的破舊低層建築物占整體的 82.8%，走進年輕藝術家和創業家的店中店（store-within-a-store）、主題咖啡廳、展覽館等複合文化空間，才看得到地區再生的蛛絲馬跡。

　　以落後地區的情況來看，很難找到除了縉紳化之外，更明確的地區發展對策。因為沒有發生縉紳化的地區很可能會被不斷淘汰，或是實施大規模都更。現實世界裡，不可能存在租金不上漲就恢復活力的商圈。

　　落後地區的巷弄只有三條路可走：被高級化、走向低迷或
進行都更。其中巷弄高級化的現象屬自然發生，是不需要政府
大規模投資且最有可能持續下去的方案。

　　縉紳化肯定有成本，但是和落後狀態惡化以及大規模都更
所需的成本相比絕對不高。

　　除了考慮到成本，我們也要考慮縉紳化帶來的利益。韓國
在議論縉紳化時，都忽視其在吸引人才和產業上的正面效果，
我們應該注意到西方都市縉紳化地區同時也帶起了都市文化和
地區經濟。

　　舊金山市區是最具代表性的縉紳化成長地區，藉由個
性鮮明的巷弄文化，吸引創意人才和創意產業而快速發展。

Facebook創辦人馬克‧祖克柏購置居所的舊金山教會區。

矽谷最具代表性的企業之一臉書的總公司，就是位在矽谷北部的門洛帕克（Menlo Park）。但臉書創辦人馬克‧祖克柏（Mark Zuckerberg）最近卻在距公司一小時車程的舊金山教會區（Mission District）購置房產。

不只祖克柏，近幾年從舊金山通勤到矽谷的人明顯增加，他們的居住地包含教會區在內，還有市場南或多帕奇區等，和矽谷以高速公路相連的舊金山市區。

矽谷企業也為這些人提供通勤巴士服務。韓國上班族在下班時間排隊搭乘通勤巴士的現象，現在在矽谷也是稀鬆平常的景象了。即使每天搭巴士往返一〇一號高速公路很辛苦，他們仍堅持住在舊金山市區的原因是什麼呢？那正是令人無法抗拒、舊金山才有的文化魅力。

門洛帕克、帕洛阿圖、庫比蒂諾（Cupertino）、聖荷西（San Jose）等主要都市都是典型的郊區都市，對喜歡享受都市文化的年輕人來說多少有些無聊。

反觀，矽谷的年輕勞工所選擇的舊金山就不一樣了。南部的多洛瑞斯公園（Mission Dolores Park）附近是有名的波希米亞地區，這裡昔日為移民和中產階級集中生活的地區，現在都是充滿波希米亞風的咖啡廳和酒吧，多過名牌商店或高級餐廳。年輕人在這裡追求個性、多元、社會責任等後物質主義的價值。而且年輕人也經常光顧販賣環保、有機農、素食、獨

立、復古、嬉皮單品等價值的商店。

年輕人才喜歡的生活風格如此，企業也只能跟著改變。矽谷企業提供通勤巴士服務是基本，Pinterest 等部分企業還將總公司從矽谷搬到了舊金山。Uber、Twitter、Airbnb、Dropbox 等一開始就在舊金山創業的企業也很多。多虧這些企業的成功，本來聚集了倉庫和小規模工廠的舊金山市場南地區，搖身一變成為新的創投中心。舊金山的例子正如理查·佛羅里達的主張，都市文化是吸引創意產業的重要條件。

年輕人才喜歡都市文化，因此將工作場所搬到市區的企業現象不只出現在舊金山。二〇一六年八月一日《紐約時報》的頭條是「為何美國企業拋棄郊區，而往市區移動？」為了吸引渴望享受都市文化的年輕人，GE 下了明智的決定，計畫將位於紐約郊區大學校園等園區的總公司搬到波士頓市區。

韓國的都市文化也會改變，產業隨之移動而出現新的創意產業地區嗎？韓國的都市文化既不多元也沒有活力，不足以影響產業發展。因為一九七〇年代江南開發以後，整齊劃一的新都市文化就一直支配都市文化至今。

即使如此，在韓國還是可以發現都市文化發展的潛力，因為以年輕人為中心的都市文化喜好正好占上風。雖然京畿道打造了板橋 Techno Valley，但是比起板橋，IT 人才更喜歡在江南的企業工作。從首爾調查機構（Seoul Survey）二〇一六都

上：矽谷主要都市帕洛阿圖的田園式街道。
中：吸引創意人才聚集的舊金山教會區嬉皮風街景。
下：最近成為年輕人喜歡的居住區弘大，該地區的讀書咖啡廳。

市政策指標調查中，也可看出年輕人喜歡首爾市區的現象。有 59.4% 首爾市民表示「十年後也想住在首爾」，尤其是二十到二十九歲的人之中有 66.7% 希望繼續住在首爾。首爾市民對於住在首爾的自豪感，也比其他地區的居民高。

韓國年輕人喜歡市區的現象，就像住在舊金山的矽谷人才一樣，可以解釋為他們想住在市區享受不一樣的都市文化。若繼續維持這樣的趨勢，原有的江南文化、新都市文化，以及被大家所關注，可以作為前面兩者替代方案的巷弄文化，這三種文化將會塑造出消費地區，引領首都圈產業的未來。

沒有人希望有個性的巷弄淪落為失去整體性、充滿單一品牌和連鎖店的商業街，正如舊金山市區的例子所示，巷弄必須保有個性才能作為發展的原動力，但是吸引人才和企業的舊金山巷弄商圈已經達到相當程度的縉紳化了，不是那些一味反對縉紳化的人理想中的樸素的近鄰商圈。

巷弄商圈的遷移過程可以區分為落後商圈的活化階段和活化的商圈連鎖化階段。為了地區發展必須積極推動前者的縉紳化，為了永續發展則必須積極管理後者的縉紳化。

韓國所有都市的迫切課題就是舊都心的再生和正常化。以現實來看，除了活化巷弄商圈外，沒有其他辦法能吸引創意人才和開拓創意產業。舊都心再生不可能不伴隨一定程度的縉紳化。落後的舊都心所需的是實用主義的哲學，我們應該把縉紳

化當作讓地區脫胎換骨，成為創意城市的靈藥，而不是把縉紳化當作需要預防的疾病來看待。

後縉紳化，首爾的課題

首爾四大巷弄區域之一的梨泰院某間屋頂餐廳。

　　縉紳化是二〇一六年媒體和社群上最熱門的話題。因為承租某知名藝人名下建築物的餐廳被強制搬遷後，縉紳化快速成為人們關心的社會話題。

　　有些政治人物主張保護承租人來應對縉紳化，即必須樹立「承租人保護制度」，來防止房東的不當開發利益壟斷。關於縉紳化的法案，其共通點皆為提出延長契約時間、租金規定、維

護權利金等保護承租權的條款。究竟政府是否能藉此防止首爾的縉紳化呢？

　　我們需要討論政策實效性的理由在於（以商業街為中心的）縉紳化是由市場供需所決定的經濟現象。若首爾持續縉紳化，那麼就必須保留多一點可商業化的巷弄資源，但是實際上首爾並非如此，首爾地鐵二號線內的市區中，可以憑藉巷弄商圈崛起的地區都已經崛起了。

　　若這是首爾不再出現縉紳化的最後階段，那麼可以說明防止縉紳化的政策成效低，反而可能會出現副作用，導致和縉紳化無關的地區租賃市場萎縮。首爾市應該透過投資公共財，專心修復已經成形的巷弄商圈的文化整體性和個性，而不是防止縉紳化。

　　二〇一三年以後首爾發生劇烈的縉紳化，大眾對巷弄商圈的需求大幅增加，當巷弄商圈供給順利時，形成新巷弄商圈的地區就會發生縉紳化。發生大規模縉紳化的首爾商圈在二〇〇〇年代中期以後，作為外地人喜歡的觀光景點而崛起成為新興商圈。喜歡琳瑯滿目的巷弄和巷弄店舖的消費者一增加，商人便在市區內擴散，將本來供給充足的低密度鄰近商圈開拓為巷弄商圈。

　　若急遽縉紳化的發生條件是對巷弄商圈的需求，那麼關於巷弄商圈的未來，就應該從分析需求開始。可以分成巷弄購物

需求和巷弄建築物投資需求的巷弄需求並非獨立的經濟現象，
前者受流通市場景氣的影響，後者則是受房地產景氣的影響。
大部分的專家都預測，韓國的經濟暫時還是會維持低成長的局
面，在低成長時代中又怎能盼望只有巷弄市場會例外地創下高
成長呢？

巷弄商圈也是實體商圈，實體商圈正因為網路購物的崛起
而萎縮中。雖然巷弄商圈比起市區商圈、百貨商圈都有較高的
成長率，但是考慮到流通市場的變動性，很難保證巷弄商圈會
持續受到歡迎，正如有些專家的憂慮，巷弄商圈也可能過時。
即使巷弄商圈持續成長，比起形成新的商圈，既有的商圈透過
高級化而成長的可能性更高。

巷弄商圈擴散所需的房地產投資受整體房地產景氣的影
響，房地產市場蕭條，關於巷弄商圈的投資便無法大幅增加。
若為了防止縉紳化而增加租賃合約的限制，搞不好巷弄商圈投
資會更加萎縮。

首爾不再是巷弄都市

若不看好巷弄商圈需求的增加，那麼關於供給的前景就
更黯淡了。若想創造新的巷弄商圈，豐富的巷弄資源是必要條
件，但是爬到北漢山俯瞰就能知道首爾已不再是巷弄都市了。
市區中除了風景區、軍事區等高度管制區域外，幾乎所有的地

區都是充滿大型公寓和商業區的高密度地區。

　　市區（鍾路一帶）、弘大、南山、聖水等低密度地區已經崛起為巷弄商圈，這些商圈以貫通漢江／市區／江南的可及性、方便步行的平地裡的大規模巷弄資源、韓屋／青年文化／外國人／社會企業文化資源為基礎，發展成大規模的區域。

　　以三清洞為中心的市區一帶、以弘大為中心的弘大圈、以梨泰院為中心的南山圈、以聖水洞為中心的聖水圈是首爾的四大巷弄區域。

　　西大門區、恩平區、城北區、冠岳區等首爾外郊雖然還存在保留巷弄資源的地區，但地理條件不佳導致很難成功，而且交通相對不便，山丘又多，很難往外延伸；最大的限制是，不

首爾林立的公寓大樓。（照片提供：Shutterstock）

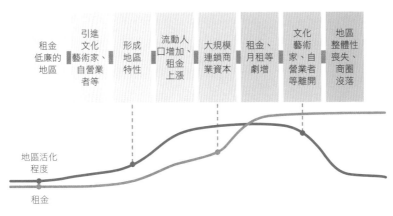

關於首爾市縉紳化過程的說明資料。

容易抵達首爾核心商圈江南以及市區。首爾內可以發展成獨立巷弄商圈的地區，早已都是巷弄區域了。

我們應該將弘大、三清洞、梨泰院、聖水洞四大區域的中心地當作已經進入縉紳化的最後階段，或已經結束了。望遠洞、延南洞、延禧洞（弘大圈）、益善洞、西村、乙支路三街（市區一帶）、解放村、漢南洞、普光洞、雩祀壇路（南山圈）、纛島（聖水洞圈）的縉紳化只是隨著原有商圈擴張而發生的餘波而已。原有區域的巷弄資源即將枯竭，所以首爾不太可能再發生大規模的縉紳化。

　　中心地區的縉紳化全都是承襲類似的過程。一共會歷經三個階段：首先，藝術家和行動主義者搬入租金便宜和可及性佳的地區；接著，諸如美食店之類有個性的商業設施進入巷弄，其他店鋪也接連在此創業，於是形成巷弄商圈；最後，流入新的房地產投資、連鎖事業、大企業品牌，導致租金暴漲，早期開拓商圈的獨立店家承擔不起租金，不得不遷往周遭地區。

　　二〇〇三年前後，開始因為巷弄商圈而受到矚目的弘大，從二〇一〇年起就正式邁入縉紳化階段。二〇〇五年左右，崛起成為巷弄商圈的三清洞、梨泰院、林蔭道，則是在二〇一三年前後因外地人的房地產投資激增，飽受縉紳化之苦的情形隨之浮上檯面。

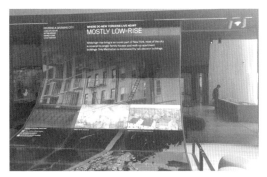

絕大多數的紐約居民都住在獨棟住宅或低層公寓裡。

　　首爾縉紳化的特徵是接踵而來的縉紳化。一個地區若發生縉紳化，馬上會影響到旁邊的地區。因為第一個發生縉紳化的地區周遭還有豐富的未開發巷弄資源，所以同一個區域內會連續發生縉紳化。

　　巷弄商圈的供需，可以說明最常和首爾比較的都市紐約和東京的縉紳化。專家將紐約選為縉紳化不斷重演的失敗都市，東京則是成功防止縉紳化的都市。紐約和東京的縉紳化，也是取決於都市成長、巷弄資源、低所得階層居住區域的分布等供需因素。

　　紐約居民絕大多數都住在低層建築物組成的巷弄社區。經常讓人聯想到紐約的一棟棟摩天大廈，也只限於曼哈頓的部分地區而已。紐約因傳統的種族歧視和移民，發生嚴重的貧富差距，低所得階層居住的地區多，而中產階級和富人階層蠶食可及性高的低所得階層地區所造成的「居住縉紳化現象」，導致紐約結構性脆弱。由於上述的結構性原因，紐約的縉紳化將會持續相當長一段時間。

　　反觀東京，市區結束高級化後，並未發生大規模縉紳化。近代化以後，舊都心下町地區（上野、淺草、日本橋）擴張到新都心山手（澀谷、新宿、六本木、赤坂）地區。因為地震，高層大樓的建設受到限制，讓包含市區的整座都市得以維持巷弄都市的結構。

由巷弄地區主導新興富人區、時尚和都市文化的巷弄商圈站穩腳步的時間點為，一九五〇到一九六〇年代的高成長期，此時中心地區可以崛起的新巷弄商圈已經枯竭。

巷弄商圈若成為高級商街便無法繼續擴張，因此即使是在一九八〇年代泡沫經濟影響下，也沒發生伴隨新商圈崛起的縉紳化。一九九一年泡沫崩潰後，就更沒有產生縉紳化的因素了，因為急速冷卻的房地產市場近三十年都未恢復，租金也持續下跌。二〇一二年，隨著東京晴空塔開幕，墨田區向島的房地產景氣回溫，成為唯一被劃分為「新生」縉紳化區域。

東京，首爾市區商圈的未來

首爾未來也會步上和東京差不多的路，隨著四大巷弄區域被劃入市區商圈，以核心商圈、百貨商圈、街邊商圈、巷弄商圈組成的首爾商圈將會有好一段時間穩定發展。

大型核心商圈為明洞、江南站等典型的市區商圈，三成洞、永登浦站、東大門市場等以大型百貨為主所形成的商圈是百貨商圈，街邊商圈則是延新川、華陽洞、永登浦等在主要區域發揮據點功能的商圈，巷弄商圈則是在延南洞、三清洞、林蔭道等居住地附近形成的近鄰商圈，或原有商圈的背後商圈新崛起的地區。

當重視個性和多元性的消費者增加，巷弄商圈就會持續跟

著成長，但是不太可能急速成長到能夠凌駕其他類型的商圈。和大型和商圈比起來，巷弄商圈的流動人口和銷售額只能算是小規模。如前所述，以韓國經濟的現況來看，消費者對巷弄商圈的需求很難快速成長到二〇一〇年代上半期的水準，因此發生如二〇一〇年代中期般急速縉紳化的機率也很低。

伴隨新商圈出現的大規模縉紳化即使發展到了極限，鄰近車站的巷弄高級化和小巷弄的咖啡街化等小規模縉紳化也會持續發生。大規模縉紳化反而更有可能在地方都市和城南、安陽、南楊州、龍仁等有舊都心的首都圈都市發生。

四大巷弄商圈應該解決的課題

四大巷弄商圈剩下的課題有三。第一，恢復受縉紳化影響而沒落的巷弄整體性。尤其是弘大正門和三清洞一帶深受其害，需要政府的特別關注和投資。政府必須投資可以復原弘大的青年文化、三清洞的傳統文化整體性的文化設施。吸引青年創業者和文化企劃者來這裡開有個性的店舖，也對復原整體性很有幫助。

第二，活化居民、商人、房東、市民團體、政府等利害關係人為了巷弄商圈長期發展而合作的共同體文化。首爾市也想鼓勵利害關係人簽訂互助協定，作為縉紳化的對策。承租人和房東追求的如果是長期而非短期利益，那麼為了商圈的穩定成

長和維持整體性，有足夠的誘因促使雙方合作，實際上在聖水洞等地也可以看到雙方攜手合作的實例。

第三，讓巷弄商圈以創意經濟為基礎發展。弘大圈、南山圈、聖水圈已經崛起成為年輕人的新創業中心，因此必須改善教育和居住的基礎建設，讓創意人才和創意企業常駐於此，主導利用巷弄整體性進行的商業活動。強化巷弄商圈的整體性、活化共同體文化，以及創意經濟化是迎接後縉紳化時代的首爾必須解開的課題。

防止可能持續的縉紳化範本，
匠人共同體

東京的巷弄街道神樂坂。

　　一九六四年社會學家露絲・葛拉斯（Ruth Glass）創造了「縉紳化」（gentrification）一詞，其語源來自指稱英國紳士階級的「仕紳」（gentry），指高所得階層搬到庶民階層原本居住的區域，透過階級的搬遷使「平民」社區變成了「紳士」社區的情形。

　　如前所述，商業區和居住地一起變成紳士社區的西方國

家，和只有商業區變成紳士社區的韓國，兩者的縉紳化雖然有相當大的差異，但是我們的反縉紳化情緒不亞於西方國家。若政府沒有妥善應對這樣的衝突，都市再生和發展的機會就會消失，錯失讓落後地區再生和利用巷弄商圈吸引新興產業的機會。政府應為了均衡發展，改善超越規範的政策和制度，也就是必須把可持續的巷弄商圈模式當成巷弄經濟發展的目標。

　　可持續的巷弄商圈需要匠人共同體。利害關係人各自培養競爭力，公平競爭的同時，也要為了巷弄的長期發展而相互合作，向政府爭取活化共同體所需的公共財投資。

縉紳化為高級住宅街的紐約西村。

利害關係人可以自主合作的理由

　　幸好造成縉紳化的租金上漲現象可以靠利害關係人的合作來控制。若租金壓力上升，想避免高額搬遷費的承租人要做好接受租金上漲的覺悟，向房東妥協。房東也不能蠻橫地調漲租金，市場有市場的價格，必須考慮到長遠的影響。過度調漲租金的話，雖然短期內空間裡會充滿大企業的品牌，但是以長期來看卻很難再找到承租人進駐已經失去個性的巷弄商圈。

　　如果房東和承租人不能透過自主合作來遏阻租金上漲，就會給所有人帶來不幸。最具代表性的例子就是最近很有情調和個性的店家搬離，商圈失去整體性和活力的三清洞。每個巷弄都有掛著「招租」布條，尋找新承租人的店舖，這看起來很不尋常。專家認為若房東不降低房租，新的承租人不出現，三清洞商圈便很難復活。

　　基於長期利益，利害關係人有充分的理由解決租賃上的衝突，但是為什麼找不到站在地區立場上讓步成功的案例呢？這得歸咎於房東和承租人的短視近利。

　　短期利益支配巷弄商圈的最重要原因是經驗不足，縉紳化是二〇一〇年代開始受到矚目的新社會文化議題。

　　二〇一二年一月，弘大著名的麵包店 Richmont 因租金壓力而搬家，引發了首次的整體社會縉紳化紛爭。我們的縉紳化

飽受縉紳化之苦的首爾三清洞。

經驗都還不夠，要期待利害關係人能夠追求長遠的利益還太早了。如果我們能從狎鷗亭洞、弘大、三清洞、全州韓屋村的縉紳化學到教訓且讓更多人知道，那麼利害當事人的認知和行動也會改變，尤其是房東或許會領悟到自己可能會成為縉紳化的受害者，進而從長遠的觀點來判斷縉紳化的現象。

　　第二個負面原因是過度理想化縉紳化的部分媒體和學術界。大部分巷弄商圈的房東和承租人都是小額投資巷弄商圈的小商工人。一味將房東歸類為強者，將承租人歸類為弱者的非黑即白理論實在不適合以小商工人為主體的巷弄商圈。兩者是相互依存的關係，所以反而很難說房東的談判籌碼比承租人更

有優勢。能夠穩定支付租金的承租人可以要求調降租金、延長租約等，讓房東做出一定程度的讓步。

　　媒體和市民團體刺激拆遷戶遭受強制拆遷的心靈創傷，也惡化了縉紳化的情況。有別於國家主導的拆遷事業，巷弄商圈的縉紳化是非國家介入的自然現象，租金糾紛大部分是由利害關係人自行協商解決。二〇一六年七月，歌手 Leessang[1] 擁有的房產發生強制驅離承租人之事，則屬例外事件。

規定和保護不是唯一的解答

　　某些擔心縉紳化副作用的專家主張政府要站出來保護既有的承租人，制定保護承租人的制度，防止房東不當壟斷開發利益。他們提出延長租約、規定租金金額、保護權利金等強化承租權作為對策。

　　然而針對縉紳化制定規範，這種有失公允的觀點並不可取，因為市場不會照著支持規範者的想法運作。政府若延長義務契約期間，房東為了彌補追加費用就會漲房租。租金本身的相關規範同樣會造成租金上漲，也勢必會對商家供給和建築改善投資造成負面影響，而且商家供給的減少也會成為新的租金上漲原因。

---

1. 韓國的雙人嘻哈團體。

　　先進國家會把住宅和商家的租金區分開來，以不同的方式解決。限制整個都市住宅租金的紐約市也不會直接介入商家租金問題。保護住宅承租人的名分在於國民的基本權利和所得階層之間的公平性，但如果政策保護的是為了事業所得而承租商店的商人經濟利益，便很難將政策合理化為這是在保障基本權利和公平性。

　　縉紳化對韓國社會來說是新的現象，我們不夠了解且經驗不足。在經驗不足的情況下，政府若貿然規範和保護巷弄商圈並不恰當。因為縉紳化爭議的後遺症、整體商圈景氣低迷、巷弄商圈資源枯竭等，巷弄商圈的成長趨勢已經進入調整期，這點也是政府不該操之過急介入的另一個理由。

　　若政府不得不干預，那麼比起偏袒房東或承租人任一方，打造可以引導雙方合作的環境更為適當。經濟學的合作理論視縉紳化為承租人和房東合作失敗所導致的結果，反之合作理論假設若沒有妨礙的因素，那麼承租人和房東合作就可以防止縉紳化。

　　實際上若商圈因為縉紳化而低迷，所有利害關係人都會受到損失，所以有雙方合作之必要。合作理論將合作失敗的原因歸咎於利害關係人的短視近利，並提供資訊、運作、折扣率、仲裁等解決方法。

　　致力於防止縉紳化的首爾市也依照自主合作原則，提倡房

東／承租人／地方政府簽訂互助協定。朴元淳市長於二○一五年十一月發表的縉紳化綜合對策中包含了互助協定、核心設施租借、長期安心商店經營、小商工人買店補助等多角化的承租人支援政策。尤其，承租長期安心店家的小商工人至少可凍結五年以上的租金，房東也可以拿到最多三千萬韓元的重新裝修補助。

　　從長遠來看，能夠有效盡量減少租金紛爭的方案是補助承租人購買商店。因為現在利息低，透過融資提高一定水準的所得的承租人要購買商店比過去還要容易。若有需要，政府應該提供低利息融資，從根本解決自營業者的租金負擔。

　　補助承租人購買商店也是強化巷弄共同體的重要政策，目前發生縉紳化紛爭的地區的大部分房東和承租人都是住在其他地區，以投資為目的進駐巷弄商圈的事業家。很難期待追求短期利益的他們為了巷弄商圈的長遠發展而合作和妥協。若自營業者購買商店的情況增加，那麼有心經營巷弄商圈和巷弄文化長期發展的利害關係人也會跟著增加。

　　地區居民建立起親自經營自己居住的社區的傳統也很重要。專家解釋，日本的巷弄商圈之所以受縉紳化的損失小，是因為「村文化」。住在商圈地區的日本商人之間有很緊密的共同體文化，他們會自行解決租金規範、大小型店鋪互助等共同問題。

政府介入時須以公共財投資為主

　　公平的仲裁者和公共財提供者也是政府的角色。巷弄商圈雖然也具備流通市場的機能，但它也是創造都市文化的公共財。需要以公共財來活化的基礎設施有青年創業支援設施、藝術家工作坊和表演場地、租金低的住宅等，這些都可以被稱作是支援青年創業家和創新家在巷弄成功創業的公共設施。投資能夠強化巷弄所具有的文化整體性的文化設施也是政府的職責，如弘大的獨立文化、梨泰院的外國人居住文化等。

　　為了活化良性循環的巷弄經濟，提高文化整體性和支援青年創業為中心的公共投資，可以成為政府、企業、藝術家等利害關係人之間的雙贏合作。巷弄經濟的建設可提高地區居民的生活品質，亦是將巷弄打造成吸引遊客和創意人才的據點時要面對的急迫政策課題。充滿個性且對年輕人友善的巷弄商圈增加，才能充分提供海外觀光客和人才所需的都市文化服務。

　　若不得不選擇租金規範和巷弄商圈保護政策，那麼將最小單位設為規範對象便很重要。與其讓中央政府在全國實施統一的規範，不如讓基層的地方自治團體自主選擇適合該地區的規範模式。最小單位規範有助於引導地區社會自主選擇和地區之間互相競爭，進而讓地區社會對規範的模式達成共識。

　　從名義和實際效果來看，關於縉紳化的統一規範都不是最

好的選擇。即使研究為此問題感到頭痛的國外案例，也很難得出規範是件好事的結論。以美國來說，柏克萊（在地食物、獨立書店）和波特蘭（戶外活動、《Kinfolk》雜誌總部所在地）透過連鎖店和大賣場的規範保存以獨立商店為核心的都市文化。奧斯汀（現場音樂、SXSW）和帕洛阿圖（校園鎮、矽谷）雖然沒有過度的獨立商店保護政策，仍然創造出都市文化和帶起經濟發展。

　　強化經營巷弄店家的商人的市場競爭力從長遠來看才是最有效的政策。克服租金壓力，成為巷弄商圈強者的匠人店舖，擁有不分場所都能提供好的品質和服務以吸引客人的能力。房

在沒有過度的巷弄商圈規範下維持傳統的德州奧斯汀某間獨立書店。

東也必須成為匠人，若房東的經營方法仍像過去一樣無視商圈的整體競爭力，只管理承租者，將無法培養起建物和商圈的競爭力。

巷弄商圈的成長已經進入整頓期，未來商圈間的競爭將越趨激烈，因此為了強化多元性、整體性、擴張性、可及性等商圈競爭力，房東也必須積極參與共同體並一起努力。像延禧洞這樣的巷弄商圈，房東已經開始為了維持商圈競爭力規劃商圈藍圖和自發性地限制租金調漲。

第七章 ————

為了更美好未來的巷弄政策

C-READI 模式

充滿許多魅力店舖的首爾新村巷弄。

　　思考關於政府在活絡巷弄商圈時扮演的角色之所以重要，是因為都市再生和巷弄商圈再生的關係密切。政府推動都市再生事業的對象區域大部分是由巷弄組成的舊都心，在拯救落後市區的都市再生事業中，巷弄商圈的再生是重點事業。失去商圈活力的市區不可能再生。

　　為了刺激巷弄商圈，政府必須先了解成功的條件，以發

揮有效的作用。巷弄經濟學整合國內外的研究案例，整理出了 C-READI 模式。成功的巷弄商圈同樣都滿足了以下六個條件：文化基礎設施（culture）、租金（rent）、企業家精神（entrepreneurship）、可及性（access）、都市設計（design）、整體性（identity）等。

C-READI 模式的意義

　　C-READI 概念對政府的職責提供了準則。評價六種成功條件的實際狀況後，須將資源投入不足之處，以提高巷弄商圈的成功率。政府可以透過有效率的政策，對 C-READI 的所有領域做出貢獻，如擴充巷弄的文化資產和維持穩定的租金，支援巷弄創業和訓練、培育必要的人力，改善巷弄的連結性和大眾交通的可及性，投資公共財維持巷弄整體性。

　　C-READI 模式雖然單純，卻是新興的分析方式。既有的研究方式強調文化資源、租金、街道設計、可及性，而 C-READI 則提出企業家精神、整體性等新的成功要素。各領域的成功可能性皆不同，低層建築和好走的街道、住商混合等複合空間設計，和透過打造方便的大眾交通來改善可及性，是政府比較容易達成的條件。

　　然而展現地區整體性的美術館和工坊、合適租金的維持、開設有個性的店舖來帶領巷弄文化的企業家精神，僅憑政府的

C-READI 模式：巷弄商圈的成功條件

C-READI 模式。

努力是不夠的，還需要居民、商人、藝術家、青年創業家等巷
弄主體的協力合作。

　　國內外的成功案例說明了巷弄商圈持續成長的關鍵在於欲
維持和發展巷弄文化的共同體意識。

　　優秀的創業者（E）在可及性（A）佳，巷弄資源（D）和
文化資源（C）豐富但租金（R）便宜的地方成功創業；其他
的創業者看到這樣的佳績後，在其附近開新店，使商圈發展
成地區整體性（I）鮮明的商圈。發展成功的巷弄商圈的共同

點，便是都經歷過這段過程。反過來說，滿足 C-READI 標準的巷弄極有可能發展成成功的巷弄商圈。

若把 C-READI 分成 CRE 和 ADI，即各為巷弄商圈第一階段、第二階段的成功條件。第一階段巷弄商圈的起步取決於入駐的文化資源（C）豐富，租金（R）低廉的地區的企業家（E）能力；第二階段則藉由改善可及性（A）和巷弄資源（D），同時維持共同體整體性（I）來穩定成長。

六項條件的英文首字母組合起來，就是 C-READI（Culture-Rent-Entrepreneurship-Access-Design-Identity），唸起來就是「文化必須準備好」（Culture-Readi），也蘊含強調所有條件中的文化資源和整體性是巷弄商圈核心競爭力的訊息。

巷弄文化的基礎，從文化藝術基礎建設開始

巷弄文化是文化藝術者、工坊工藝者、小商工人所創造的都市文化和居民生活文化的複合體。多元的文化藝術基礎建設（C）中，最直接影響巷弄文化的資源是藝術家。政府可以打造美術館、表演設施、藝術家創作設施等為了進行藝文活動的基礎建設，藉此聚集藝術家、設計師、作家、音樂家、建築師等文化生產者。

弘大、林蔭道、三清洞等首爾第一代巷弄也是以藝文基礎設施為基礎發展起來的。眾所皆知弘大巷弄商圈的文化基礎

是畫廊、美術補習班、藝術家工作室、獨立音樂產業。林蔭道在二○○○年代中期崛起為巷弄商圈前，也是聚集了藝廊、畫室、建築事務所的文化街道。三清洞雖然在二○○○年代中期崛起為首爾的代表性文化消費空間，但是在此之前是以藝廊為主的寧靜街道。

建設新的文化藝術設施並非鞏固文化基礎設施的唯一方法。藝術家發揮技術和才能，利用古色古香的老屋或廢棄工廠和學校等巷弄歷史文化遺產，創造和帶領適合巷弄整體性的文化也是方法之一。將具有歷史意義，有助於形成巷弄文化的建築物和空間指定為文化財，使其轉換為藝術家的創作空間。

工藝坊、獨立商店等商業設施也是重要的文化基礎設施，結合巷弄文化整體性的工坊、藝廊、選物店、讀書咖啡廳等既獨特又多元的商業設施若進駐巷弄，就能吸引生產和消費特定巷弄文化的人。

居民的生活風格也能創造出有特色的巷弄文化，如襄陽竹島海邊的衝浪者、弘大獨立商店創業家和出版從業人員、聖水洞社企創業家等，都是創造獨特巷弄文化的生活文化共同體。

公共財的投資對穩定租金有貢獻

活化巷弄商圈的戰略和租金（R）有關，因為若想持續發展支撐多元且獨特巷弄文化的巷弄產業，就必須阻止租金的暴

漲。東京吉祥寺被譽為完美的巷弄商圈，各領域相互尊重且相輔相成的日本特有「村文化」，對穩定租金有很大的貢獻。

韓國的共同體文化不如日本堅強，政府應該更積極地站出來強化共同體，擔任斡旋的角色，讓房東和承租人共同帶著發展巷弄經濟的展望，彼此發揮合作精神。

我們可以拿首爾市縉紳化綜合對策作為模範的共同體投資模式。首爾市從二〇一五年起就為了巷弄商圈租金的穩定，正在推動房東／承租人／地方政府互助協定、為了小商工人的核心設施租借、長期安心商家的經營、小商工人買店補助事業。

引導和支援巷弄創業

繼建設巷弄文化基礎設施和制定穩定租金政策之後，政府要做的事是創業支援（E）。政府必須吸引創新家來巷弄創業，這些創新家通常具有一定要開一間魅力獨具的店，並成為巷弄先驅的拓荒者精神。首爾的第一代巷弄商圈之所以能夠崛起，也都是多虧了這些在被低估的地區開第一間店的創業家。正如延禧洞的 Saruga 購物中心所展現的一樣，大部分的「第一間店」即使在巷弄商圈成熟後，仍能吸引流動人口，以地區據點商店之姿，提供巷弄發展所需的公共財。

他們一邊經營店舖，一邊累積高超的專業技術和經驗，進而成長為「巷弄匠人」，也是巷弄文化的繼承者。因此，在匠

人底下接受訓練的新一代匠人得以開拓既存的領域，發揮主導巷弄的領導能力。為了打造匠人生態圈，以結合巷弄整體性的創意商品創業，以匠人精神為基礎培養出專業的巷弄匠人，政府必須將創業家引入商圈，支援他們的定居環境。

　　巷弄創業家不限於傳統的小商工人創業者。政府應該協助創業支援中心和共同工作空間（co-working space），吸引都市再生新創公司、技術導向新創公司、社會企業、文化企劃者等各式各樣的創業家進駐。例如藉由弘大及合井地區的藝術家、創業家和小商工人的網絡，支援創新創業的弘合 Valley 就是代表性的例子，也可以將商業設施惡劣的地區透過建築再生，直接引進商業設施的光州 Cook Folly 事業作為標竿。

　　親自規劃巷弄商圈的企業也對巷弄的創業文化有很大的貢獻。濟州舊都心的阿拉里奧美術館、大田舊都心的聖心堂都是由企業主導，為了活化地區商圈而投資商業設施和公共設施的案例。

提高內外部的可及性

　　可及性（A）是發展巷弄商圈不可或缺的環節，應該擴充公車、輕軌、地鐵、火車等各種大眾交通，讓民眾能夠便利地抵達巷弄。巷子口大馬路上的大眾交通工具的換乘要有效率，才會有更多人走進巷弄。正如一九九〇年代中期本是首爾江北

地區的代表性巷弄商圈梨大後門地區，此商圈的衰落顯現出有限的可及性是巷弄商圈發展時的致命弱點。

和提升外部可及性一樣重要的還有巷弄內部的街道結構。巷弄內部需要走起來舒適的街道、腳踏車專用道、可以欣賞玩樂的小巷弄等，既提供便利性又能讓人感到饒富趣味的空間設計。首爾市野心勃勃推動的首爾路七〇一七計畫最重要的功能也是連接首爾站附近的內部空間。原本被鐵道和大馬路分開的首爾站鄰近地區，因為首爾路才得以整合為一個商圈。日本的富山市也一樣，為了讓公車或地鐵等大眾交通能夠方便地轉乘在市區循環運轉的輕軌而整頓交通系統，這也是提高內部可及性的方法之一。

巷弄資源的保護和擴張

如同在巷弄可及性部分強調過的，空間設計（D）是保護和宣傳巷弄資源的重要元素。必須透過標誌、招牌、景觀等使巷弄整體性具體化，仔細思考和諧的建築樣式或顏色等設計。若能打造出傳統和現代相融，用途多重的巷弄建築和環保的巷弄風景，那每條巷弄都會充滿多元性和個性。政府尤須致力於建立大眾交通系統及文化基礎設施、街道設計等各種支援政策，使巷弄主體和政府之間的協力治理（collaborative governance）發揮綜效。

如同中國上海和全州韓屋村兩個案例所示，政府主導的巷弄地區擴張也能夠活化商圈。通常巷弄資源不足的地區很難發展成具有競爭力的商圈，但若透過擴大和附近巷弄地區的連結、建設新的巷弄地區來擴大巷弄資源，就能夠打造出有利於引進商業設施和居民的環境。

全州韓屋、愛丁堡哥德式建築等，是藉由特定建築樣式創造出有差異化的巷弄文化。以單一建築樣式所建設的地區，即使沒有大規模文化基礎設施的投資，也可以輕易表現出文化的整體性。除了傳統家屋之外，韓國都市也應該把聚集同時代建築的區域視為文化地區，將建築當作都市文化資源來保存。

公共財投資支援和巷弄共同體強化

C-READI 的最後一項重點整體性（I）是巷弄政策的核心。整體性是指包含巷弄文化和傳統在內，透過有形、無形的資源所體現的固有氣氛和價值。從事文化藝術產業的人、居民、創業者、匠人、投資者、巷弄市民團體等，都是為了挖掘並商品化具有巷弄獨特價值的整體性而合作的主體，他們必須帶著持續發展巷弄文化和經濟的共同目標，建立共同體，一起打造繁榮的巷弄。

若想以巷弄文化為基礎打造具競爭力的商圈，最重要的就是將他們的巷弄生活風格變成日常。美國柏克萊的波希米亞、

靠當地後代子孫的共同體精神來守護的安東河回村巷弄。

　　襄陽竹島海邊的衝浪者、弘大的獨立音樂人和獨立商店等,都可以算是追求巷弄文化,強化團結力的代表性共同體。安東河回村和儒生街能被當作韓國儒教文化的象徵保存下來,也是多虧了延續安東士大夫精神的當地後裔的共同體精神。

　　創新的巷弄匠人要成長,需要靠具有巷弄整體性的商品和服務的持續性消費來支撐。為了讓以巷弄整體性為基礎的社區能夠支撐巷弄文化的自主生產和消費,需要有政策上的努力,如挖掘整體性事業、支援巷弄企業家聚會、支援青年創業家和藝術家的事業等。

　　依照 C-READI 模式所擬定的巷弄政策，是一項融合各種領域，如建築、設計、文化企劃、經濟學、商業管理等多種學問的複合式政策。若政府能持續關注並支援，那麼在全國各處

六大條件	小分類	國內外案例
文化 （C）	文化藝術人和設施	弘大設計、藝術、獨立音樂基礎設施
	工藝工坊	日本金澤、延禧洞
	生活文化	襄陽竹島海邊衝浪、聖水洞社會企業、弘大獨立文化、梨泰院外國人文化
租金 （R）	小商工人文化	弘大獨立商人
	共同體文化	日本東京吉祥寺
	縉紳化預防政策	首爾市、城東區
企業家精神 （E）	第一間店	弘大、林蔭道、三清洞、梨泰院
	招牌商店	延禧洞 Saruga 購物中心
	小商工人／風險創業	弘大弘合 Valley
	巷弄商圈企劃者	濟州舊都心阿拉里奧美術館、大田舊都心聖心堂、日本東京丸之內三菱房地產、光州 Cook Folly、聖水洞 Cow & Dog、美國雪城大學
可及性 （A）	外部可及性	梨大後門、日本富山
	內部可及性	首爾路七○一七
空間設計 （D）	巷弄資源	全州韓屋村、紐約西村
	建築資源	蘇格蘭愛丁堡、中國上海、光州 Cook Folly
整體性 （I）	居民／商人整體性	安東儒生街、蘇格蘭愛丁堡、襄陽竹島海邊、紐約布魯克林、光州楊林洞、新加坡中峇魯、美國柏克萊
	共同體文化	日本東京吉祥寺

C-READI 模式和國內外案例。

都能夠看到滿足 C-READI 條件的巷弄商圈，即我們應該追求的巷弄商圈模式「匠人共同體」。伴隨著社會的關注，市場環境也樂見 C-READI 模式的擴散。隨著巷弄商圈和非巷弄商圈的競爭越趨激烈，巷弄商圈的主體也逐漸領悟到共同體（整體巷弄商圈）競爭力的重要性。別忘了，吸引公共財和巷弄價值投資的共同體意識擴散，最終才是巷弄商圈可持續發展的最重要資產。

從打造短期商圈到培育長期產業

第一代巷弄商圈之一，新沙洞林蔭道。©Sasithorn S / Shutterstock.com

　　C-READI 是指出巷弄商圈營造方向的基礎分析框架。雖然政府在 C-READI 模式的所有領域都有正面的貢獻，但是支援特定區域的巷弄商圈事業總是伴隨政府失敗的風險。和選定未來會成長的產業一樣，選擇成長潛力高的巷弄地區並非政府擅長的事情。

　　回顧首爾巷弄商圈的歷史，我們即可知道按照 C-READI

模式推動活化事業時，不可以過度自信。打造巷弄商圈和其他
都市再生事業一樣，都需要長期的準備和縝密的設計。那麼政
府就需要把政策力量傾注在最擅長的事上。能夠改善巷弄商圈
整體的市場環境，達到強化長期競爭力的政策，就是巷弄匠人
的培養，以及巷弄產業和觀光產業的連結。

第一代巷弄商圈的自主成長

　　弘大、三清洞、林蔭道、梨泰院等第一代巷弄商圈都不是
因為政府努力打造，而是在自己建立的 C-READI 環境下成長
的。政府的介入僅限於這些商圈崛起後提供的文化事業支援、
街道景觀支援等。政府從一開始就指定為文化地區且積極支援
的大學路、仁寺洞則在第一代巷弄商圈的競爭下落敗。

　　為了商圈可持續成長的政府介入也難以奏效。雖然受不了
三清洞、狎鷗亭羅德奧大街、全州韓屋村急劇上漲的租金而離
開的獨立店家增加，但是政府提出的對策仍一無所獲。若透過
目前累積的經驗和日後的修法採取必要的政策手段，就能得到
某種程度的改善，然而在市場經濟體制下，政府的規範在根本
上還是很難遏止縉紳化。

　　從政府隨意打造的巷弄商圈來看，可以知道政府的介入不
易成功。二〇〇〇年中期，首爾的巷弄商圈成為備受矚目的新
興商圈，發揮意想不到的地區活化效果後，韓國各地的地方政

在第一代巷弄商圈競爭中落敗的仁寺洞。
©Nghia Khanh / Shutterstock.com

府便爭先恐後地打造巷弄商圈。

媒體經常介紹大邱近代文化胡同和金光石街、光州松汀站等成功的巷弄商圈建立事業,雖然首爾的新村不如這些商圈受矚目,卻也是以大規模的都市再生(經濟活化領域)事業使都市景觀和流動人口發生劇烈變化的地區。

然而政府規劃的巷弄商圈仍無法發展到能與第一代巷弄商圈匹敵的水準。二○一七年美食指南《藍帶》選出的首爾美食商圈(美食店數量)依序為弘大前(一百二十一間)、梨泰院(一百零二間)、延南洞/延禧洞(六十五間)、清潭洞(五十八間)、汝矣島(四十九間)、貞洞/市廳/小公洞(四十八

間）、林蔭道（四十七間）、狎鷗亭（四十三間）、三清洞／安國洞（四十間）、光化門（三十四間）。

相反地，政府推動再生產業的新村／梨大前（十八間）、乙支路／忠武路（二十五間）的美食店數量不僅進不了上游圈，和過去也沒什麼差異。商圈活化事業的成功與否當然不能僅憑美食店的數量來判定，還須從可及性、舒適性、文化資源等來評價商圈的整體品質。為了可持續性商圈的再生，提供既有個性又高水準服務的商業設施品質很重要。

都市再生事業難以提高商圈競爭力的原因在於都市再生事業的結構。因為比起支援創造巷弄商圈文化的商人，政府以修建街道、整理行道樹、打造公共空間、引進文化設施和活動等基礎設施事業為重點支援。參與都市再生事業的企業也是以土木、建築、設計、文化企劃領域為主。

若以C-READI基準來評價都市再生事業，政府注重的領域侷限在文化資源（C）、可及性（A）、巷弄資源（D）等看得到具體成效的領域，然而須長期投注努力才能獲得成果的租金（R）、企業精神（E）、整體性（I）的強化基礎建構，實為更加迫切。

建築基礎設施和文化基礎設施事業不知道是否有為既有的商人帶來實惠，但是在培養或吸引新業者方面確實沒有太大的貢獻。首爾路七○一七雖然引進了新的商業設施，但可惜的是

最具代表性的商店街是大企業連鎖店占多數的美食街。

　　從首爾的經驗來說，雖然 C-READI 的概念較為單純，但是實際上要滿足這些條件並不容易，尤其決定市場供需的租金（R）、形成共同體文化的整體性（I）、受到經濟／文化／制度性變數等綜合影響的企業家精神和力量（E），很難透過政府的介入來改善。

　　提高防止縉紳化等巷弄商圈發展的可持續性所需要的政策，最終取決於利害關係人彼此依存的文化，即匠人共同體的建立。政府也可以透過地區規劃、對青年創業和藝術家活動設施供給等公共財的投資，作為對打造匠人共同體的貢獻。

短期培育政策 vs 長期環境建造

　　從短期來看，政府須專注於活化必要地區的巷弄商圈；從長期來看，須打造一種市場環境，讓匠人共同體模式擴散到整個地區。

　　若巷弄活化事業是無可避免的，那麼投資青年創業支援設施、大學設施、青年創業商城、青年創作村等創造青年文化的公共財效果最顯著。青年文化公共財不僅能吸引流動人口，還能幫助商圈確立整體性。首爾市也意識到年輕人口的重要性，因此正在推動能夠讓大學街附近地區再生的校園鎮事業。活化整體巷弄商圈（即巷弄產業）的宏觀政策，經過

長期的推動可能更有效。作為該政策的一環，我建議採用以下四種策略。

第一，建立新的培訓體系，提供目前巷弄產業中明顯短缺的成熟自營業者。雖然應該強化正規學校、補習班、師徒制度等所有訓練過程，但是為了培養累積一段時間經驗並展現才能的匠人預備生，必須在主要地區設立長期訓練的匠人學校。

第二，推動觀光區事業，在短期內將巷弄產業惡劣的地區都市扶植為具有國際競爭力的巷弄商圈。支援觀光產業的文化體育觀光部（以下稱文體部）必須建立有系統的基礎設施，指定市區巷弄地區為都市型觀光區，使其成長為匠人共同體。文體部已經支援大多數餐廳、住宿設施、書店、藝廊、體育設施等巷弄商圈的重要行業，因此可以期待活用原有法律制度所培養出來的有系統的巷弄產業。

第三，將目前非正式形成的小商工人創業市場制度化。打造巷弄匠人且支援他們創業和經營的「巷弄企劃公司」必須進入市場。整體來說，巷弄商圈有很強的文化產業性格，即追求建立獨特又有競爭力的文化。這也是要從培養文化產業的立場，來接近匠人自營業者以及他們展開競爭的巷弄商圈的原因。

文化產業的共通點是供過於求。這一點可以從極少部分的藝術家才能成功的模式看出來，而巷弄文化也是大同小異。若

要找出不同之處，就是巷弄商圈和文化產業不一樣，沒有願意挖掘栽培有才華的藝術家的經紀公司。

第四，防止縉紳化的對策。首爾市區不太可能再出現二〇一〇年代中期因為巷弄資源枯竭，而發生急劇縉紳化的情形，但是為了防止小規模縉紳化和恢復已經縉紳化的巷弄商圈競爭力，政府必須投資巷弄商圈的公共財。此外，首爾市二〇一五年提出的綜合對策，例如引導房東和承租人互助，支援巷弄資源的資產化等政策也要腳踏實地地執行。

政府難以辦到的事就是活化特定商圈。若不得不介入特定商圈，那麼建議政府可以將自己的職責限制在進行防止巷弄商圈亂開發的地區規劃，和推動創造青年文化、共同體文化的公共財投資事業。

我們所期望的巷弄商圈未來是「匠人共同體」，也就是由巷弄匠人所經營的獨立商店形成一個共同體，創造出具有競爭力的都市文化，以及自主解決妨礙弄商圈發展的共同體問題。

設立培養巷弄匠人的匠人大學

金澤卯辰山工藝工房。

　　日本是公認的匠人之國，以歷史傳統和自豪感延續匠人精神，不僅培養出世界一流的尖端科學產業，還有傳統產業和都市產業。貫徹職人精神的中小企業主導降低成本和製造工法創新，視自己為匠人的社區餐廳老闆也將日本打造成世界最厲害的飲食文化強國。

在匠人之國日本，以大量培養出傳統工藝師和企業聞名的都市是金澤，成為工藝工坊產業重鎮的金澤成功的祕訣就是教育機構，這裡聚集了工藝師輩出的教育和進修機構。羨慕日本匠人精神的我們應該關注工藝工坊，因為工藝師（職人）就是日本匠人精神的原型。從位於金澤市民藝術村內的金澤職人大學校英文名（Kanazawa Institute of Traditional Crafts），可以知道職人和工藝師是同義詞。

金澤匠人訓練機構的制度差異是參加資格和教育期間。教授石工、瓦器、造景、金箔、裱褙等傳統建築和工藝技法的職人學校會在相關領域中選出具有十年經歷以上的專家，進行為期三年的培訓。

日本最早的傳統工藝師進修機構是金澤卯辰山工藝工房，工藝師在這裡進修兩至三年，接受陶藝、漆器、染色、金工、玻璃等五個領域的正規教育並累積實務經驗。金澤的案例告訴我們不能單純地視日本的匠人精神為傳統遺產。

我們應該學習金澤市和市民如何努力透過扶植傳統工藝產業維護和培養匠人精神，尤其可以看出他們有多看重接受學校教育之後的現場訓練，為了提供有系統的匠人現場訓練所設立的機構正是職人大學校和工藝工坊。

匠人不足的韓國巷弄產業

　　都市文化的發展需要巷弄商圈也有工藝師水準的匠人。日本的巷弄商圈匠人都是在匠人學校或現場遇到的前輩匠人底下，接受長期師徒教育的人，但很可惜的是韓國的匠人訓練系統惡劣，尤其最大的問題是職業學校沒有發揮其應有的作用。究竟投入巷弄商圈的廚師應該經過什麼訓練？我們來聽聽目前任職於光州有名餐廳的廚師 K 的回顧：

　　高中加大學一共學了七年的料理後，來到首爾開始從事料理工作時所遭受的挫折感真的難以言喻。我自認為自己的實力在光州還算不錯，所以信心滿滿地來到首爾，可是這裡跟我想像的差很多，我一直被「為什麼我什麼都不懂的羞恥心」所折磨。現在回想起來，我很懷疑為什麼會有光州的這些大學。很多學生抱著開心學料理的想法來上學，但是卻聽了一些亂七八糟的教授的課而放棄料理。

　　韓國的職業教育之所以如此發展不均衡，就是因為投入教育現場的匠人供給不足的緣故。經營和教育現場絕對沒有足夠的匠人來訓練未來的匠人，正如光州的廚師 K 所說，匠人不足的原因早已眾所皆知。

最大的問題是人才培育體系。在以考大學為重點的教育制度下，以創業為目標學習技術的學生不多，就算學了也會因為不完善的現場實習體系，在畢業後很難累積讓自己技術熟練的經驗。缺乏匠人精神也是阻礙之一。匠人精神是自營業的必要條件，因為這份工作做起來並不輕鬆。成熟的自營業者須消化從凌晨持續到夜晚的辛苦日程，還要有提供最高品質服務的使命感，這樣才能成功地長久經營自己的店。

匠人最重要的條件是投入百分之百的時間，匠人的技術也是來自長時間的投入、摸索、煩惱、交流和對話、現場經驗的累積所獲得的結果。正如麥爾坎‧葛拉威爾（Malcolm Gladwell）所提出的主張一樣，若想成為某個領域的專家，至少要投入一萬個小時，這點也適用於匠人。成熟的自營業的活絡，取決於職業倫理教育的強化和人才培育體系的建構。我們應該關注利用匠人培育體系發展出世界一流的製造業和服務業的日本和德國經驗。

執著於腳踏實地磨練所造就的匠人

日本將匠人精神生活化獲得了世界級的信任與聲譽。從古代大和政權開始，日本便實施部民制，集體中的特定技術或職業採世襲方式延續，因此師徒教育完全落實於生活之中。專注於一件事並成為佼佼者的職業精神「造物」，即匠人精神就是

起源於家業代代相傳的傳統文化。

　　德國的國家教育體系透過職業訓練培養出許多名匠，但日本不同的是，一直以來都是自律地培養出匠人。研究日本匠人精神的大師，法政大學的榮譽教授清成忠男對日本的匠人精神解釋如下：

　　越過最高等級的匠人不會在意別人的技術，他們的姿態就是戰勝自己、鍛鍊得道，這就是日本的匠人精神。若是觀察韓國的產品，不夠細緻的收尾工序總是令人費解。大概是因為我們沒有日本那樣的匠人精神，無法腳踏實地磨練那些沒有利益的東西吧。

　　──廉東昊，〈研究日本匠人精神的匠人〉（《TOP CLASS》二〇一〇年二月號）

　　匠人精神是透徹的執著，賭上的是某個領域的自尊心。「職人」意為製作物品的人，專注於自己的領域，工作即生活。職人除了繼承從上一代傳承下來的技術外，也會不斷地嘗試新技術，求新求變，最終自然而然地成為最厲害的實力派，也就是匠人。

　　努力不懈做好一件事，進而成為匠人的這條路，就是由匠人延續下來的。日本現今有一萬多間超過百年歷史的餐廳，每

一間店都保留了江戶時代的建築，將最好的美味傳承下去的商
道文化占有一席之地。

外國人經常光顧的蕎麥麵店「尾張屋」是延續了六百年，
日本料理店「瓢亭」和壽司店「伊豫又」則是延續了四百年傳
統的觀光勝地。最早做出紅豆麵包的東京麵包店「木村家」、
蕎麥麵店「更科堀井」等則超過了兩百年。這和原本期待吃到
韓定食而來到弘大和江南一帶的外國觀光客，發現這裡充斥著
居酒屋、日本家庭料理而感到失望的樣子形成鮮明的對比。

日本小都市的巷弄美食店因口味始終如一而累積名聲。被
譽為日本最有格調的餐廳，京都的瓢亭已經傳到了第十五代，
而且只使用兵庫縣明石產的鯛魚。京都的飲食文化是由飲食匠
人來維護，沒有傳承超過三代的餐廳料理，就不算是料理。經
過不斷的努力累積信賴和名聲的匠人精神，培養出擁有技術和
專業的匠人。日本巷弄店家就是靠著匠人才得以延續匠人的血
脈和確保原有的競爭力。

大阪辻調理師專門學校案例

位在大阪中之島的辻調理師專門學校，和法國巴黎藍帶廚
藝學校、美國 CIA（The Culinary Institute of America）被譽為
世界三大料理學校。一九六〇年由辻靜雄成立的這所學校追求
的辦學精神為師徒之間的教學相長。

　　辻靜雄說：「所謂的學校是教職人員發揮自己最大限度的知識和技能，在課堂上不藏私地傳授給學生，教職人員也能持續自行學習新事物的地方。」教職人員邊教邊成長，學生以學到的方法和訓練成長，師徒之間藉由合作達到雙贏。

　　實踐辦學精神的辻調理師專門學校，其戰略大致可濃縮為四種：

　　首先是忠於基本功的指導方式。根據技術水準，區分一年至三年各階段的課程。一年課程不分領域，須徹底教授必備的基礎技術。為了鍛練基本功，學生要在老師的指導下學習，一一寫下關於料理工具的注意事項，甚至磨刀的方法、切法等細節等。經過二到三年的課程，進入深化過程時才從日式、西式、中式中選擇主要領域，接受以專業技術和實習為重點的訓練。老師一年間完整地傳授非常基礎的料理技術，讓學生具備扎實的料理實力為首當要務。

　　第二，形成以個別指導為主的緊密師徒關係。一班通常有四十名學生，由班導師和副班導師管理。老師皆是由辻調理師專門學校畢業，各種料理領域的佼佼者所組成。在個人課程當中，老師會依照學生的理解力，毫不保留地提供詳細的建議。實習時，鼓勵學生在一旁親自觀察高超的技術和料理方法。還可以一對一諮詢校園生活或日後的職涯煩惱，建立深厚的師徒關係。

第三，擁有最優秀的環境。辻芳樹校長說按照「吃過最好的料理的人才能做出最好的料理」的理念，這裡有最好的材料和設施。料理實習室、團體料理室等依照各種料理課程設置了最高水準的設備。因為學校提供了各種料理檯，學生可以分配料理過程，一起做出最好吃的料理，這樣的環境有助於培養出世界級的廚師。學生要學習最優秀的方法和知識，甚至還要親自品嘗味道，所以經歷這一連串過程的辻調理師專門學校出身的廚師當然都是最優秀的。

第四，形成網絡。想創業的辻調理師專門學校畢業生和準畢業生若交出的事業計畫通過，便可以聆聽創業講座。從經營餐廳中的業界名廚身上學習經營技巧、策略和實質的料理服務等。特別的是，學生畢業後過了一段時間，還是可以隨時回來聽課，學校毫不吝於支援想要拓展自己領域的學生。

辻調理師專門學校善用高達十一萬名的畢業生，為學生開辦就業研討會，鼓勵學生交流以獲得資訊。對於畢業生的事後管理也是出了名的嚴謹，畢業生也能持續和學校保持聯繫。

德國的大師制度

德國是藉有系統且專業的職業訓練制度，提供成熟的人力資源的代表性國家，尤其是透過師徒教育體系培養名匠。

超過一半的德國年輕人選擇職業學校而非上大學。簽訂兩

年到三年半，一週四天的師徒契約，在企業現場實習，一週有一到兩天的時間在職業學校聽課，成長為技術人員。

德國的大師是以出色的專業技術和匠人精神為基礎而成功的企業家，磨練高深專業技術和累積經驗十年以上的大師，被奉為最厲害的實力派。有汽車修理、插花、啤酒製造等三百五十多個業種都可以取得大師資格。

取得技師資格後，若想成為大師，除了要藉由「持續訓練」修習專業領域的技術外，還必須上經營、會計、教育等必要的學徒培育課程並通過考試。目前有九十六萬七千間，近一百萬間企業就是由大師所成立的企業。為什麼即使這條路不好走，還是有很多技師想以大師的身分創業呢？

那正是因為社會的肯定和自豪感。德國大師在一般企業領的待遇良好，薪水比大學畢業的人還要高。他們可以藉自己長期熟練的技術和技巧開發自己的產品，如此累積下來的名聲和自豪感都非常了不起。形成了不只是製造業，設計、IT 等各種服務領域的大師，都可以被奉為單一領域領導者的社會氣氛。

始於十九世紀德國工業化過程的德國職業訓練制度，現今已擴大為培養出所有產業領域名人的課程。由大師培養下一代大師的教育體系，正是德國產業競爭力的核心。

韓國也出現變化的浪潮

以經理團路開拓者聞名的張振宇代表,為未來創業者創辦了一所學校。在張振宇店裡工作、年資豐富的廚師親自教導學生;張振宇也會從畢業生當中挑選出優秀的學生協助創業。也就是說,他打造了一條「教育－訓練－創業」過程的匠人培育體系。

「年輕生意人」機構,是由一群聚集在龍山印刷廠巷弄、經營大部分餐廳的年輕創業家創辦的。這個機構也為將來想在巷弄創業的人創辦了教育課程。這和在正規學校或職業學校裡上的正規課程不同,是在現場邊做邊學的現場教育課程。

培養韓國工藝匠人的主要機構是韓國傳統工藝建築學校,由隸屬於文化財廳的特殊法人韓國文化財財團所經營。學校請來有名的匠人和無形文化遺產所有者等匠人實踐有系統的教育,以延續傳統工藝的命脈。專業課程分為第一年的基礎課程、第二年的研究課程、第三年的專業課程,藉由階段性深化的課程讓一般人學會基礎知識後,成長為各領域的工藝專家。

課程分為木工藝、漆工藝、金屬工藝、織物工藝、傳統建築領域,包含十五個科目、六十二項課程。一個班招收十到十六名左右的學生,教授他們匠人技術和技巧。課程為期三年,但也有很多人在匠人底下受訓六到十年不等。學生可以接受專

業領域裡最優秀的名匠的一對一指導，在長期師徒制實習教育下接受訓練，繼承韓國傳統工藝的名聲和價值。

韓國和日本工藝教育的差異

韓國傳統工藝建築學校和金澤卯辰山工藝工房有個類似的共通點，就是接受匠人的訓練。那麼，為什麼金澤卯辰山工藝工房能舉世聞名呢？答案就在「職人大學」和「市民藝術村」。

韓國工藝學校對授課學生沒有特別的資格限制，但職人大學會挑選十年以上的專家為學生，以傳授高水準的技法。也就是說，教育核心是為了將已是該領域的專業人士培養成匠人的深化課程。

由金澤的廢棄紡織廠改建而成的市民藝術村促進市民的藝文活動，帶動了都市再生。這裡所建立的公立文化設施能讓所有的一般市民享有多媒體工坊、音樂工坊、開放空間工坊等多元文化。打造市民可以直接參與創作，自由享受工藝的環境，藉由工藝的大眾化和產業化讓這裡變成觀光勝地。

目前韓國傳統工藝建築學校位在江南的中心，但是作為培養傳承傳統工藝的匠人、結合傳統技術來創造現代價值的教育機構，令人相當懷疑位置選在首爾江南是否合適。

若韓國傳統工藝建築學校想獲選為像金澤市那樣成功的傳統工藝產業化案例，就應該將學校設置在保有傳統工藝整體性

金澤市民工藝村。

的地區，並且構築一個工藝商圈。目前政府應該設立專業的匠人工藝教育機構而非一般的學校，藉此打下培養新一代匠人的基礎。

　　執行傳統工藝村計畫的區域中，應該要讓工藝博物館和美術館等文化基礎設施和工坊集中在適合擁有工藝整體性的地區。一般民眾應該要享受韓國傳統工藝文化和消費有個性的工坊的工藝品，工藝產業才有辦法蓬勃發展。若持續在名匠底下接受教育的承傳人專業培育機構，以及可以生產銷售工藝品的傳統工藝巷弄發展起來，那麼就能吸引外國觀光客前來，超越金澤市。

替代方案是匠人大學

　　將培養對地區經濟至關重要的巷弄匠人全都交給張振宇、年輕生意人等民間機構並不恰當，因為民間機構可以培養的巷弄匠人人數有限。在缺乏累積長期技術和經驗的各領域匠人的情況下，可能很難提供有自律性的匠人。

　　解決此問題的對策就是金澤市的模式，培養以地區社會為基礎的工藝人。地方政府設立自己想要專業化的巷弄產業領域的匠人大學，有系統地培養巷弄匠人即可。現在需要的是專業的教育課程，來培養蘊含巷弄文化和歷史的特定產業的匠人。

　　韓國巷弄也能重生為手藝出眾的匠人巷弄。已經在各領域有資深經驗的自營業者，也可以透過匠人大學的教育，挑戰成為最厲害的名匠，獲得社會的肯定和尊重。只要開始培養第一代匠人，匠人大學即可持續培養繼承高深技術和技巧的培訓生，支援匠人的學徒教育。

應該培養巷弄匠人企劃公司

坡州出版城集結了出版社、圖書館、讀書咖啡廳等。

　　文化產業的最大特徵就是企劃公司舉足輕重的作用。大眾音樂、電影、電視劇等大眾文化產業有娛樂經紀公司，藝術領域有藝廊，書籍市場有出版社，這些都是讓藝術家得以在市場上出道、成為明星的決定性作用。企劃公司在培養明星的過程中發揮必要的作用，甚至可以說沒有任何一個明星是未經過企劃的。

　　巷弄產業領域也擁有濃厚的文化產業性格，創意力和獨創的藝術性是巷弄匠人是否成功的關鍵因素。藝術家、廚師、設計師、創新的創業家等，主導巷弄文化的人都是文化產業的從業人員。都市社會學和大眾文化學也將巷弄匠人所創造的街道文化稱作「scene」，將其分類為文化產業的一種來研究。

　　若巷弄產業是文化產業，那麼誰要來擔任挖掘巷弄匠人，將其培養成明星的企劃公司角色呢？企劃公司的商業模式為什麼不活躍呢？若政府想扶植巷弄產業，那麼是否應該鼓勵其他文化產業行業中存在的企劃公司模式？

　　由於關於巷弄商圈的研究還處於初期階段，累積的資料又不足，所以很難清楚回答這些問題，但是文化經濟學顯示純憑政府的支援很難培養出有體系的文化產業。為了打造可持續的巷弄匠人培育體系，我們需要可以培養巷弄匠人，創造收入和附加價值的企業，也就是巷弄企劃公司的角色。

巷弄匠人的培育絕不能草率

　　目前壽司店等創業費用高的領域的普遍創業過程是「選拔」。手頭寬裕的富人會選拔自己常光顧的店家壽司主廚，資助對方創業。而未被富人選中的主廚唯一的創業方式就是個人創業，投入自己的資金，向親朋好友借錢或融資開店。

　　即使資金籌措順利，經營店舖所需的技能、現場訓練、管

經營創業學校的龍山熱情島企劃公司「年輕生意人」。

理技巧等都是匠人的份內之事。沒有像打造 K-pop 明星的娛樂經紀公司一樣，負責訓練、出道、職涯管理等所有過程的企劃公司存在。

　　目前巷弄匠人培育市場上活躍的企業商業模式大致上可分成：學校、百貨公司和購物中心、地方政府商業設施、青年創業商城。

❶ 學校模式

　　簡言之就是「張振宇模式」。因為開拓經理團路而成名的企業家張振宇為了未來的創業者創辦學校，並由自家資深廚師親自教授學生。

　　張振宇學校會從畢業生中選出優秀的學生，幫助他們創業，以「教育－訓練－創業」這樣的連續過程，建立典型的學徒培育體系。

　　張振宇模式的極限在於規模和從屬性。能夠支援的學生人數有限，而且是由張振宇代表投資創業，因此很難將這些學生創業的店舖看成是獨立店家。企劃龍山熱情島的「年輕生意人」也是以一般人為對象創辦創業學校，但是不支援獨立店家的創業。

❷ 百貨公司美食街模式

　　百貨公司和大賣場的新分店開幕時，愈來愈常出現充滿美食店的美食街。兩者提供獨立店家新通路和成長的機會，可以

全州南部市場青年創業商城。

說是選拔巷弄匠人或執行企劃的模式。

但是因為被選上的店舖是早已成名的美食店,所以和訓練初級匠人,幫助他們創業的典型企劃模式仍相差甚遠。

❸ 地方政府商業設施模式

地方政府支援青年創業者或青年創業合作社也是一種企劃事業。中小企業廳在傳統市場建立青年創業商城吸引青年創業者,就是代表性的案例。全州南部市場、首爾鷺梁津市場、江原原州市場、釜山國際市場等都是主打青創商城,試圖活化市場的傳統市場。

光州的 Cook Folly 利用公共廢棄空間引進商業設施,這個模式是新穎的地方政府商業設施模式,但是地方政府引進商業設施事業作為公益事業的一環,並非可持續的巷弄匠人企劃公司的模式。政府雖然可以對巷弄匠人的企劃體系做出貢獻,但是利用政府預算來資助創業者並不恰當。

事實上,實績也不好。雖然全州南部市場、大邱防川市場等屬於青年創業成功的例子,但是大部分的市場都沒有顯著的成果。吸引到青年創業的傳統市場早已失去活力是最大的阻礙。雪上加霜的是,創業者經驗不足、與在地商人發生摩擦等,都讓青年創業店家陷入經營困難。

餐廳業者投資領域的最新矽谷趨勢

矽谷目前出現了投資餐廳創業的創業投資（venture capital）。華盛頓 DC 的某個企業家成立了創投基金，同時企劃並投資各種餐廳。該企業管理創投基金，投資多間餐廳，分散風險，並累積關於餐廳經營的專業知識。韓國的房地產管理企業 IGIS Asset Management 最近也開始經營投資廚師創業的餐廳基金。

創投對獨立餐廳進行投資是個例外，大部分的創投不會投資個人餐廳而是連鎖企業，因為獨立餐廳很難達到創投要求的收益率。最近食品科技領域中，吸引相當規模的創投投資的企業都是遠距美食店外送服務、隨選外送服務等新創企業。

創投的食品科技投資目前還在起步階段，雖然隨選外送服務領域吸引了相當規模的創投投資，但是該領域也是因為實績不佳，而難以獲得追加的投資。

巷弄匠人企劃公司模式的成功條件

以韓國的情形來看，巷弄匠人企劃公司的作用大致上可分為兩種：

第一，企劃公司必須直接提供學徒教育，即現場訓練。韓國巷弄匠人培育體系的最大弱點就是學徒教育未能制度化。像

經紀公司親自評價練習生的才能，將雀屏中選的練習生訓練成歌手的 K-pop 經紀公司就可以成為一種模式。

第二，須提出可以發展成獨立店家的創業模式。若企劃公司不培養獨立的巷弄匠人，而是雇用其為子公司的員工，那麼進入企劃公司後的巷弄商圈活化效果就會很有限。

若目標是培養獨立企業，應該考慮另一種模式，而不是像 K-pop 經紀公司一樣和歌手簽訂專屬合約。獨立店家模式更應該著重於培養具備特色的店家自立根生，而非帶有企劃公司的色彩。

若在巷弄產業中很難進入創投型企劃公司，那麼替代方案就是社會創業，即開發基於巷弄產業公益性質的可持續商業模式，來培養支援巷弄匠人的社會企業。

韓國也已經開始巷弄商圈的社會企業事業。以 Cow&Dog、Root Impact 等聖水洞影響力投資企業和韓國內容振興院、韓國社會企業振興院等社會企業支援機構作為後盾，社會企業開始進入聖水洞的舊工廠地區。大多數的社創企業從事餐飲、小物件、設計等巷弄行業。他們支援使用乾淨食材的韓食餐廳少女磨坊、販賣含有故事設計（storytelling design）的小物件和經營咖啡廳的 Marymond Lounge 等具有個性和價值的獨立店家創業。影響力投資者在做的事其實就是以匠人企劃公司之姿培養巷弄匠人。

　　進一步來說，若聖水洞影響力投資者為了活化地區經濟和支援獨立的小商工人，而支援在巷弄商圈營業的一般獨立店家，這就很接近理想的巷弄匠人企劃公司模式。為了發展可持續的巷弄經濟，巷弄匠人企劃公司和接受支援的巷弄匠人企業必須定居在一個區域並專精化。雙方近距離攜手合作、分享地區資源，實驗新的地區基礎商業模式，充分發揮巷弄文化領導者的作用。

　　巷弄匠人企劃公司目前還是陌生的概念，但是為了活化巷弄產業，這是必要的商業模式。希望全國的企劃者和創業者都能站出來借鏡其他地區和國家的經驗，發展出劃時代的企劃公司模式，成為地區和巷弄發展的關鍵人物。

聖水洞社會企業Marymond。（照片提供：金成模）

觀光政策就是巷弄產業政策

大邱金光石街巷弄導覽。　redstrap / Shutterstock.com

　　巷弄政策的目標是以巷弄整體性為基礎活化巷弄商圈，建立良性循環的巷弄經濟，藉由被吸引而來的人才和企業使地區經濟成長和強化巷弄整體性。目前最接近巷弄經濟良性循環結構的巷弄商圈，就是崛起為音樂和媒體產業重地的弘大前。

　　若想將包含首爾在內的各地區巷弄商圈培養成經濟重鎮，那麼該由誰執行什麼樣的政策呢？市場、文化、觀光、都市計

畫等都市的所有領域都會影響到巷弄商圈，所以不可能由某個部門壟斷巷弄政策，最理想的狀況是由所有相關部門共同參與和合作。

　　若必須選出一個擔起管制角色的主要部門，可以選擇制定觀光產業政策的文體部。因為巷弄商圈雖然涵蓋觀光、流通、文化、房地產等各式各樣的產業，但是其中動力最強又能夠帶領商圈成長的就是觀光產業。

巷弄政策正往何處走？

　　巷弄商圈是指延南洞、三清洞、林蔭道等在住宅區附近形成的鄰近商圈，或在原有商圈的背後商圈新興的商圈。為了支援巷弄商圈朝最好的方向發展，我們必須先了解目前政府所施行的各種政策。

　　第一，小商工人政策。巷弄商圈主要是小商工人的活動區域。中小企業廳和公平交易委員會等推動的政策是支援巷弄商圈的小商工人，保護他們不會因為大賣場、大企業品牌和連鎖店總公司而吃虧。

　　第二，商圈活化政策。巷弄商圈是帶給地區經濟活力的重要商店街。二〇一三年通過《傳統市場及商店街培育特別法》後，中小企業廳便開始推動全國多個地區的市場支援事業。

　　第三，都市再生事業。巷弄商圈再生是拯救落後舊都心最

有效的事業。商圈的復活會帶給周遭居住地和商業地區活力。

　　第四，地區規劃（用途和高度限制）。很多地方政府為了保護巷弄商圈而活用地區規劃，最具代表性的地區就是西村和北村。首爾市不只保護當地的韓屋，還有整個巷弄結構和巷弄建築。地方政府和地區社會想保護的巷弄商圈是被三層以下的低矮建築包圍，禁止汽車通行的商圈，或即使允許汽車通行，也是在不會太擁擠的單線道或雙向車道附近形成的商圈。

首爾都市再生展海報。

　　第五，防止縉紳化政策。首爾市為了防止急劇的縉紳化現象，使承租人和房東合作，以及吸引藝術家和青年創業者，推動了自主性的協約簽訂、公共租賃設施建設、承租人購買建物補助等各種政策。

　　目前政府的政策存在盲點。即使弘大、梨泰院、三清洞等首爾主要巷弄商圈是韓國的代表性觀光勝地，但還是很難找到促進巷弄觀光的縝密政策。小商工人保護政策或都市再生支援政策，並不能讓韓國的巷弄商圈成長為先進國家具代表性的購物街，以及能與之匹敵的魅力商圈。

是時候需要文化體育觀光部的策略

　　目前政府推動的傳統市場和商店街支援事業，很難培養出國際級的巷弄商圈。比起引入具競爭力的商人，大部分的傳統市場所要求並接受的支援是替現有商人增加流動人口的項目，如停車場、改善招牌和道路景觀、文化活動等。

　　在部分傳統市場致力於建立青年創業商城，吸引青年創業者入駐，但是因為創業者的準備不足、原有商人不原意合作的態度、傳統市場的封閉空間等因素，成效不佳。其實問題在於地點和人力。資源被限制在傳統市場和原有的商業設施，很難打造出國際級觀光產業的商圈，必須將支援範圍擴大到一般巷弄商圈和新的商業設施。

　　住宿設施、餐廳、藝廊、工坊、書店等,對旅遊者來說很重要巷弄產業中,文體部有直接權限的行業是住宿業。根據觀光振興法,「具備適合住宿的設施或附加的飲食、運動、娛樂、休養、表演,或同時具備適合進修的設施等供觀光客使用的」飯店業者必須具有總統令規定的資本、設施、設備等,並且向當地地方政府登記。除了觀光住宿業之外,「為了觀光客而具備適合飲食、運動、娛樂、休養、文化、藝術或休閒等設施,並提供觀光客使用的」觀光客利用設施業也必須遵照政府規定的標準來營運。

　　幾乎巷弄產業的所有行業不論直接或間接,都可以說是觀光振興法所規範和支援的對象。實際上,文體部透過指定觀光飯店和觀光餐廳,正積極支援觀光地商業設施的活化。畫廊、美術館、文化內容、工藝工坊、書店、運動設施等文體部支援的大部分文化產業都存於巷弄商圈。若文體部將這些營業場所認定為觀光客利用設施業,給予政策上的支援,將對巷弄商圈有很大的幫助。

　　雖然文體部目前尚未直接支援,但是正積極地站出來宣傳。弘大街、仁寺洞、江陵咖啡街、釜山舊都心故事導覽等十八個巷弄商圈於二〇一七到二〇一八年被選為百大觀光景點。韓國觀光公社最具代表性的韓國觀光景點宣傳網站「大韓民國各個角落」也多次介紹隱藏巷弄,最近還發行了一本巷弄商圈

地圖集《一起走走吧，人文地圖》。

　　文體部若已經在各個領域支援巷弄商圈，那之後該做的事很明顯，就是將現有事業視為一項政綱進行支援。

都市型觀光園區事業的推動

　　文體部也可以考慮統一正在進行的巷弄商圈支援事業，以支援特定區域巷弄商圈的方式推動都市型觀光園區事業。善用可以根據觀光振興法指定的觀光特區制度是最實際的方法，但是目前的觀光特區制度有待完善。

　　一九九六年隨著指定條件放寬，指定場所大幅增加，同時《公共衛生管理法》及《食品衛生法》刪除了「營業時間限制」的規定，導致實效性不足，指定所帶來的優惠也僅剩下觀光振興開發基金的融資程度。此外，指定觀光特區所附加的其他法律規定特例，也只不過是外國觀光客用觀光飯店前空地的使用規定放寬，以及道路禁止或限制通行等措施。

　　——江原發展研究院，《江原道觀光特區活化方案》（二〇一二）

　　都市型觀光園區事業的具體內容可以以文體部的「年度觀光都市」事業作為標竿。二〇一六年首次施行的年度觀光都市

事業欲挖掘地方政府單位中有競爭力的事業，並將該都市扶植為觀光名勝。選出三處有巨大潛力的中小都市、開發能夠展現都市魅力和個性的文化內容，以及提供都市諮詢，藉此促進地區觀光的發展。

以二〇一六年三個最初被選上的都市為例，堤川市以純淨的自然環境和韓方生物博覽會（Korean Medicine Bio Fair）為基礎，開發治療觀光商品；統營市則打算培養出結合南海岸的自然環境和文化藝術潛力的觀光都市；茂朱郡則以冬季世大運（Winter Universiade）和跳臺滑雪世界盃（FIS Ski Jumping World Cup）等舉辦國際賽事的經驗為基礎，建立各式各樣的休閒體育設施。這三座都市各自使用了地理上、文化上的資源，逐漸蛻變為療癒觀光都市、文化藝術觀光都市、休閒體育觀光都市。

「年度觀光都市」事業透過地區特有的文化觀光資源商品化，進而成長為有特色的觀光都市，與支援巷弄商圈的都市型觀光園區緊密相連。除了整頓都市景觀，突顯療癒、文化藝術、休閒體育等都市色彩，還要有提供各種便利設施的巷弄商圈作為後援，這樣才能吸引國內外的觀光客。

若想打造成功的觀光特區和觀光都市，必須完善制度支援，使地區內的巷弄以相同的都市主題為主，同時具備提供交通、文化設施、住宿、餐廳等優秀服務的都市觀光基礎設施。

　　若想參考吸引商業設施的模式，可以舉 Japan Food Town 為例。Japan Food Town 是官民合作投資四百零六億日圓的 Cool Japan 計畫的一部分，將日本餐廳聚集在一處，打造海外主要觀光景點。二〇一六年七月，在新加坡烏節路開張的 Japan Food Town 一共有十六間日式料理店進駐。韓國也應該將聚集地區和全國美食店品牌的美食街引進都市型觀光園區，把韓國道地又獨特的美食店展現給觀光客。

　　說不定，巷弄商圈的未來是取決於我們的意志。若真心希望在全國主要據點打造出國際級的巷弄商圈，已有夠多的方法值得一試。國土交通部的都市再生、中小創投企業部的傳統市場和小商工人支援、行政安全部的巷弄經濟支援等分散的巷弄商圈政策事業，可以結合文體部的觀光培育政策，將巷弄商圈打造成劃時代的都市型觀光園區。

　　都市型觀光園區事業的核心是將住宿、餐廳等商品和服務品質佳的商業設施高級化。改革原有的設施，又有新企業進駐的開放式巷弄商圈生態圈，將是我們追求的巷弄商圈未來。

地區活動家打造的產業生態圈

在新創企業平台弘合谷聚首的世界各國青年。

　　對未來的創業人才來說，理想的都市究竟在哪裡呢？未來
一代重視都市文化，比起矽谷的田園環境，他們更喜歡擁有豐
富的都市寧適設施的舊金山。

　　舊金山最適合想在市區生活、工作、享受生活風格的人。
他們在市場南、多帕奇區的新創公司找工作，住在附近的住宅
區，靠步行或腳踏車通勤，他們可以一整天享受年輕世代所喜

歡的都市文化，像健康、波希米亞、文青、環保、有機蔬果、獨立文化、復古、維根主義等。

在韓國也能享受都市文化裡的生活嗎？住在有新創公司聚集、工作地點離居住地區近、多少已具備都市文化基礎設施的江南、板橋、九老、弘大，有望實踐市區生活風格。其中基於藝術和文化基礎設施形成新創產業的弘大，最接近舊金山的生活風格。

許多弘大年輕人已經享有在同一個地區工作和生活的市區生活風格。二〇〇〇年代後期，以青年文化和獨立文化為中心的弘大開始湧入新創公司，此後弘大的新創企業增加至兩百多個（以 Rocket Punch 登記企業為準），現在和江南德黑蘭谷、九老 G 谷同為首爾三大創業中心。

在弘大新創產業發展的過程中，我們需要關注的成功因素是地區共同體。喜歡弘大文化的創業家聚在一起，形成成員相互合作和人脈拓展活躍的產業生態，在弘大地區活動的活動家在此過程中扮演了舉足輕重的角色，即二〇一三年為了支援在該地區創業的企業所成立的創業企業平臺弘合谷。

創業企業在生態圈中成長，獲得成功。企業對企業、創業企業對投資者、投資者對專業人才等生態圈的多元網絡提供了創業者需要的共享、合作和學習機會。問題是這樣的生態圈不會自然產生，因為這樣的網絡必須由連結地區社會的活動家來

弘大地區新創企業平臺弘合谷。

弘合谷慶典的宣傳海報。

創造。

弘大產業生態圈的連結者就是弘合谷，是智慧型手機 APP 開發公司 Ant Holdings 的高慶煥代表於二〇一二年設立的新創合作空間。弘合谷成立後仍持續成長，至今已和近七十個新創公司和相關機構合作，其中有很多企業是在弘合谷的支援下創業的。

二〇一六年八月《中央日報》介紹了弘合谷地區的主要新創企業，如 Tumblbug（西橋洞，群眾募資平台）、Cizion（東橋洞，社群推文服務[1]）、Mr. Blue（東橋洞，線上漫畫製作與流通）。被 Kakao 收購的 Park Here 也是在弘合谷空間創業的新創公司。

年度最大的活動是「弘合谷慶典」，藝術家、創業家、小商工人可以在此見面，享受弘大文化和交流新創公司的經驗和趨勢。這個慶典的模範就是以現場音樂產業為背景，發展成世界頂級遊戲、娛樂、高科技慶典的奧斯汀 SXSW。

參加慶典的人享受獨立樂團表演之餘，也能參加創業者街頭表演、創業者展覽、企業導覽展示、創業者指導、「弘合人午餐聊聊」（Lunch Talk Talk）一連串的人脈拓展和分享活動。

---

1. 留言追蹤系統。使用者設置在自己的網站，讀者推文時使用自己的個人社群帳號登入留言，不必加入網站會員；讀者亦可在自己的社群平台上發布關於網站文章的相關內容。網站可透過此系統追蹤留言人數和成效，讀者亦可追蹤自己曾經留下的推文。

正如慶典所展現的一樣，弘合谷追求的新創模式是文化和創業的融合。高慶煥理事長相信，「即使沒有優秀的技術，人和人的相遇總能創造出什麼」。

弘大文化是弘合谷模式的基礎，活用於各種不同的地方：

第一，以弘大文化為基礎建立新創公司社區。邀請當地的獨立音樂人和藝術家參加慶典、演示日（demo day）等建立人脈的場合，藉此引導藝術人和創業家的合作。

第二，支援活用弘大文化的新創公司。弘合谷所支援的新創公司大部分是已經在弘大產業領域中，如內容、教育、時尚、藝術、設計、旅行、餐飲、音樂等有一席之地的企業。隨著弘合谷提供地區產業新的新創公司，弘大也進化成國內罕見持續提供創業企業的地區產業生態圈。

第三，支援作家和小商工人的創作活動。弘合谷提供展覽空間來支援作家的創作活動，和作家合作規劃能夠利用他們的力量的事業。弘大地區的廚師也是受邀來到展覽空間的「作家」。

弘大，巷弄基礎產業生態圈的典範

弘大產業是以巷弄文化為基礎的重要產業生態圈模式。以地區文化為基礎自主形成的產業生態，是全國所有都市都想要的地區發展模式。

弘大地區產業之一的設計產業。

　　從地區發展的角度來看，弘大產業具有很多意義。首先，成功地從巷弄產業重地轉換為創造產業的中心。巷弄商圈若想成為新的成長動力，也要吸引巷弄產業之外的創意人才和創意產業。弘大的創意產業若再進一步發展，弘大就有機會成為第一個印證理查・佛羅里達的創意經濟論「都市文化帶動都市成長」的第一座城市。

　　還有在地區創業結合新創公司文化這點很出色。弘合谷和其他創業支援機構不同，認為小商工人是和技術創業者一樣重要的夥伴，給予他們支援。在弘大地區以人力車提供計程車、

弘大地區出版社所經營的咖啡廳。

觀光服務的新創公司 Hey Rider 也是在演示日上向投資人提案的企業。其他地區也迫切需要像弘合谷這樣，傳授新創公司文化和技術給小商工人創業者的平台。

最重要的優勢是特化為地區文化。創業支援機構集中支援如智慧型手機 APP、人工智慧、3D 列印等和地區特性無關的技術創業項目，但除了瞄準全球市場的技術創業在內，能夠建立地區產業生態圈的企業創業也很重要。若創業支援機構以地區為基礎，那麼就應該像弘合谷一樣，積極挖掘和支援進駐既有地區產業的新創公司。

弘大產業將消費者、生產者、專業人才等共享生活風格的

人才齊聚一堂，實現生活風格生態圈。成員住在這個地區，積極將地區文化生活化的弘合谷並非單純的產業生態圈，而是成員在共享生活風格的同時，以此為基礎開創了企業和商機的生活風格產業生態圈。

弘合谷模式的擴張

　　與世界其他大都市的競爭日益激烈，將總公司設在首爾的大企業全球競爭力逐漸弱化，建立新的產業生態圈也成為了首爾面臨的課題。

　　為了打造符合全球在地化（glocal）時代的產業生態圈，必須改變關於都市產業政策的框架。首爾作為整合過的大都市，應該擺脫扶植適合都市所有資源和環境的產業的傳統框架。此外，首爾應該變成由多數的「小都市」組成的多中心（polycentric）都市，接受支援企業利用小都市的優點來創業和成長的框架。

　　都市產業生態圈對以創業和創意性為基礎的創意產業尤其重要，因為為了提高創業成功機率，必須縮短創業家和投資者之間的物理距離。有個很有名的故事，就是矽谷投資者對需要開車三十分鐘以上才能抵達的企業沒興趣。因為在初期投資階段，投資者的角色不僅止於出資，而是在經營、行銷等所有管理層面有實質的支援，算是共同創業者，因此投資者喜歡和自

己近一點的創業家，便於經常溝通。

　　營造地區產業生態圈時，必須活用的資源是地區文化。在知識和創意經濟時代，比起傳統的地理條件，吸引創意人才的都市文化才能成為競爭力。目前主導世界經濟的都市皆以培養內在的價值和文化，發展成創意都市。

　　首爾若想吸引和開發發揮各地區文化特色的企業，應該先做好掌握各地區固有特色的工作。幸好最近首爾的單位地區以巷弄商圈為中心，開始展現出各種文化特色。

　　一九九〇年代中期始於弘大的巷弄商圈自二〇〇〇年代中期急速成長，目前光是首爾就擴展到延南洞、延禧洞、付岩洞、聖水洞等二、三十個地區，但是很可惜的是目前韓國的巷弄商圈就僅止於商圈。

地區產業生態圈是我們的未來

　　首爾是由各式各樣的單位地區所組成，而且這些地區都具備充滿活力的文化，只是它們的潛力還未被充分開發。若以單位地區文化和比較利益（comparative advantage）為中心建立產業生態圈和巷弄經濟，以及建設讓兩者發揮最大綜效的基礎設施，那麼首爾一定能成為扶植全球企業的堅實土壤。

　　幸好首爾已經有像弘大／合井的弘合谷、聖水洞的社企谷等以地區文化為基礎，自主形成的產業生態圈正在蓬勃發展。

矽谷的蘋果園區（Apple Campus），矽谷也是一種地區產業生態圈。

今後該做的事就是準備以這些地區的經驗為基礎，建立地區產業生態圈的方案，應用在首爾的其他地區上。

　　首爾市應優先關注的地區是大學街，必須把目前推動的校園鎮計畫擴大為地區產業生態圈的產業。如西江大學的安準模教授所指出，因為像弘大這樣大學密集的地區「有很多新創業項目的供給者和需求者（早期採用者〔early adopters〕）」，所以若韓國的所有都市都站出來，打造能夠發揮地方特色的都市產業生態圈，那麼地區產業生態圈就不只是首爾，而是全韓國的新成長動力。

結語
進化成文化產業的巷弄商圈

　　日本蔦屋書店創辦人增田宗昭的生活風格經營哲學這幾年帶給韓國書店和流通業很大的衝擊，光看提供舒適讀書體驗的教保文庫、有各式各樣美食店進駐的鐘路書籍、甚至能看到有趣文化活動的 COEX 星光圖書館等，也能馬上感受到他對業界的影響力。目前生活風格商業模式正往百貨公司、大賣場、選物店等整個流通領域擴散中。

　　事實上，這和二〇〇〇年代後巷弄商圈受到歡迎的理由類似，提供有個性、體驗、創意性、獨立性、多元性的巷弄店舖已經逐步營造生活風格商業模式的潮流。巷弄不單只是懷舊、讓人沉浸在鄉愁中的空間，而是成長為提供充滿創意的都市文化的產業空間。

　　現在我們的巷弄和世界的其他巷弄競爭的是未來人才和旅行者。為了繼續成長，必須召集巷弄文化的生產者，也就是充滿創意的文化藝術人和地區事業家，讓作為巷弄文化消費者的旅行者感到幸福。光是鄰近的亞洲國家就有東京、上海、香港等不容小覷的競爭對手。為了和這些都市競爭，我們最終必須

將現有的巷弄產業，提升到有個性又有品味的文化產業。

　　本書所介紹的各種案例意義也是存在於這樣的背景之下。我們已經確定年輕一代喜歡的美食店和獨立店家，還有企劃那些店舖的人都是巷弄產業的新興主角，這樣的社會企業和當地企業以有創意的點子為基礎，提供教育、環境等多元領域服務以解決地區問題。他們所扮演的是都市再生的角色，將活力注入落後的空間，將其改變為文化藝術和創新創業的空間。

　　當然發展成文化產業的過程不會一帆風順，兩極化和縉紳化等問題是不可避免的絆腳石。若因束手無策就放任不管，巷弄特有的魅力就會消失，人潮不再踏入只是時間上的問題。然而，因為這樣就採取激烈的預防政策，反而更危險。若是沒人投資巷弄商圈，巷弄就不會再發展。為了打造可持續發展的巷弄商圈，租金緩慢上漲並藉此吸引巷弄投資是不可避免的。

　　因此，本書所提出的概念正是「匠人共同體」，意思是巷弄的商人和房東都必須成為匠人。無論是巷弄商圈的商人或房東，都很難憑一己之力做事，只有身為彼此的夥伴，承認彼此的價值，發揮同路人的共同體精神，巷弄商圈的競爭力才有可能持續。

　　現在巷弄商人被視為弱者的最大原因，是因為商人缺乏和房東談判的能力，又很難和大企業品牌競爭，所以政府若希望巷弄產業的文化產業化，當務之急就是強化自營業的力量。只

有提供巷弄更多匠人，才能夠把巷弄發展過程中出現的許多問題最小化。

　　協助參與巷弄商圈的主體強化力量，支援投資公共財，或許才是減少社會不平等的催化劑。若《巷弄經濟學》對此多少有所貢獻，我也別無所求了。

參考文獻

權善宅（권선택），《權善宅的傾聽》（권선택의 경청），Happy Story，
　　二〇一三。

金貞妍（금정연）／金重赫（김중혁），《探訪書店》（탐방서점），
　　Propaganda，二〇一六。

金美莉（김미리）／崔寶潤（최보윤），《前往世界設計的都市》（세계
　　디자인 도시를 가다），Random House Korea，二〇一〇。

金鎭愛（김진애），《我們都市禮讚》（우리도시 예찬），Ingraphics，二
　　〇〇三。

金泰勳（김태훈），《聖心堂》（성심당），南海的春日，二〇一六。

永井荷風，《荷風的東京散策記》（日和下駄一名東京散策記），網路與
　　書出版，二〇一三。

理查・佛羅里達（Richard Florida），《創意新貴 II：經濟成長的三 T 模
　　式》（*Cities And The Creative Class*），寶鼎，二〇一〇。

牟鍾璘（모종린），《生活風格都市》（라이프스타일 도시），Weekly
　　BIZ Books，二〇一六。

聖心堂（성심당），《聖心人冠軍》（성심당 챔피언），二〇一六。

孫南源（손남원），《YG 就是不一樣》（YG 는 다르다），大田出版，
　　二〇一六。

楊素英（양소영），《弘大前的後巷》（홍대앞 뒷골목），Andbooks，二
　　〇〇九。

華特・艾薩克森（Walter Isaacson），《賈伯斯傳》（*Steve Jobs*），天下文化，二〇一七。

俞炫準（유현준），《城市靠什麼生活》（도시는 무엇으로 사는가），乙酉文化社，二〇一五。

俞弘濬（유홍준），《我的文化遺產考察記 7》（나의 문화유산답사기 7），創批，二〇一二。

李奈然（이나연），《紐約生活藝術遊記》（뉴욕 생활예술 유람기），Quelpart Press，二〇一六。

李東宇（이동우）／千宜令（천의영），《破壞格線》（그리드를 파괴하라），世宗書籍，二〇一六。

李締莉（이체리），《東京日常散步》（도쿄 일상산책），RHKorea，二〇一四。

林相均（임상균），《東京商業漫步》（도쿄 비즈니스 산책），Hanbit，二〇一六。

張振宇（장진우），《張振宇餐廳》（장진우식당），8.0，二〇一六。

鄭多雲（정다운），《在濟州靠什麼維生呢？》，南海的春日，二〇一五。

珍・雅各（Jane Jacobs），《偉大都市的誕生與衰亡：美國都市街道生活的啟發》（The Death and Life of Great American Cities），聯經出版公司，二〇一九。

約翰・麥凱（John Mackey）／拉哲・西索狄亞（Raj Sisodia），《品格致勝：以自覺資本主義創造企業的永續及獲利》（*Conscious Capitalism:Liberating the Heroic Spirit of Business*），天下文化，二〇一四。

查爾斯・蒙哥馬利（Charles Montgomery），《是設計，讓城市更快樂：

找回以「人」為本的大街小巷，創造人與人的互動連結》（*Happy City: Transforming Our Lives Through Urban Design*），時報出版，二〇一六。

韓國內容振興院（Korean Creative Content Agency），〈音樂產業白皮書〉（음악산업백서 = Music Industry White Paper），二〇一二。

藤吉雅春，《如此精采的村落》（福井モデル 未 は地方から始まる），金牛座，二〇一六。

〈KB 知識維他命：巷弄的復活，新興商圈的特徵分析〉（KB 지식비타민 : 골목길의 부활，신흥 성장 상권의 특징 분석），KB 金融控股經營研究所（KB Financial Group），二〇一五，一五年第八十九期。

江原發展研究院（강원발전연구원），〈江原道觀光特區活化方案〉（강원도 관광특구 활성화 방안），二〇一二。

金秀娥（김수아），〈首爾市文化空間的談論構成：以弘大空間為中心〉（서울시 문화공간의 담론적 구성 : 홍대공간을 중심으로），首爾研究院，二〇一三。

金範植（김범식），〈新村、弘大、合井一帶產業實況調查分析及發展方案研究〉（신촌，홍대，합정 일대 산업현황 실태조사 분석 및 발전방안 연구용역），首爾研究院，二〇一五。

文化體育觀光部（문화체육관광부），〈大韓民國主題旅行十選，現在開始囉！〉（'대한민국 테마 여행 10 선'，이제 시작합니다 !），二〇一六。

首爾咖啡秀（서울카페쇼，Cafe Show Seoul），〈大韓民國咖啡白皮書－咖啡師篇〉（대한민국 커피백서 - 바리스타 편），二〇一六。

安昌模（안창모），〈首爾都市開發史〉（서울도시개발사），大韓民國歷史博物館韓國都市文化講義資料，二〇一四。

林和振（임화진）／林尚演（임상연）／金鍾洙（김종수），〈關於為了活化產業地區所出現的協力治理現象研究〉（상업지역 활성화를 위한 협력적 거버넌스 형성에 관한 연구），國土計畫，二〇一五。

洪振基（홍진기），〈產業選址政策的現況和改善方向〉（산업입지정책의 현황과 개선방향），二〇一六。

金智慧（김지혜），〈濟州島文化藝術和觀光資源 I：濟州文化藝術現場和觀光資源的共生〉（제주도 문화예술과 관광자원 I: 제주 문화예술 현장과 관광자원의 공생），《Weekly@ 藝術經營》，二〇一五。

金鎮愛（김진애），〈弘大前怪傑們的藝術倉庫〉（홍대앞 괴짜들의 예술창고），《朝鮮日報》，二〇〇二。

都仙美（도선미），〈百年上海庶民之家，石庫門探訪記〉（100 년 묵은 상하이 서민의 집 , 스쿠먼 탐방기），《中央日報》，二〇一六。

朴贊容（박찬용），〈崛起的社區是如何打造出來的呢？〉（뜨는 동네는 어떻게 만들어지는가?），《Esquire》，二〇一六。

白鏞成（백용성），〈濟州島文化藝術和觀光資源 II：在濟州吹起的多元文化藝術風潮〉（제주도 문화예술과 관광자원 II : 제주에 부는 다양한 문화예술의 바람들），《Weekly@ 藝術經營》，二〇一五。

劉智妍（유지연）／楊寶拉（양보라）／林顯棟（임현동），〈純素起司、綠芒果、老干媽──在食材店裡環遊世界〉（비건 치즈·그린망고·로깐마 ... 식료품점으로 떠나 는 세계여행），《中央日報》，二〇一七。

廉東浩（염동호），〈研究日本匠人的匠人〉（일본 장인 정신을 연구하는 장인），《Top Class》，二〇一〇年二月號。

李茂鏞（이무용），〈弘大前的文化歷史〉（홍대앞 문화역사），《世界日報》，二〇〇四。

李素珍（이소진），〈Dongmun Motel II 開幕——文化再生跳板〉（동문모텔 II 개관 ... 문화재생 발판 기대），《濟民日報》，二〇一五。

李在政（이재정），〈「東北亞文化藝術地區 ARM」未來比現在更令人期待的都市濟州〉（'동북아문화예술지구 ARM' 현재보다 미래가기대되는 도시 제주），《經濟評論》，二〇一五。

崔恩慶（최은경），〈踩出三億的腳踏車——「弘合谷」是創業之谷〉（자전거 굴려 3 억 벌어요 ... '홍합밸리' 는 창업밸리），《中央日報》，二〇一六。

Travel Code，〈準備離職的人，你們該培養的是實力而非膽量〉（퇴사준비생 , 담력 아닌 실력 키워야），《The Bell》，二〇一七。

John Markoff，*What the Dormouse Said*，Penguin，二〇〇五。

Aaron Hicklin，*How Brooklyn Became a Writers' Mecca*，《The Guardian》，二〇一二。

Jessica Hullinger，*4 Reasons Why Independent Bookstores are Thriving*，《The Week》，二〇一五。

John Sherman，A Guide to Independent Bookstores in Brooklyn，《Brooklyn Magazine》，二〇一四。

巷弄經濟學

作　　　者❖牟鍾璘（모종린）
譯　　　者❖曾晏詩
美 術 設 計❖兒日
內 頁 排 版❖極翔企業有限公司
總　編　輯❖郭寶秀
責 任 編 輯❖黃怡寧
特 約 編 輯❖林芳如
行 銷 業 務❖許芷瑀

發　行　人❖凃玉雲
出　　　版❖馬可孛羅文化
　　　　　　104臺北市中山區民生東路二段141號5樓
　　　　　　電話：(886)2-25007696
發　　　行❖英屬蓋曼群島商家庭傳媒股份有限公司城邦分公司
　　　　　　臺北市中山區民生東路二段141號11樓
　　　　　　客服服務專線：(886)2-25007718；25007719
　　　　　　24小時傳真專線：(886)2-25001990；25001991
　　　　　　服務時間：週一至週五9:00～12:00；13:00～17:00
　　　　　　劃撥帳號：19863813　戶名：書虫股份有限公司
　　　　　　讀者服務信箱：service@readingclub.com.tw
香港發行所❖城邦（香港）出版集團有限公司
　　　　　　香港灣仔駱克道193號東超商業中心1樓
　　　　　　電話：(852)25086231　傳真：(852)25789337
　　　　　　E-mail：hkcite@biznetvigator.com
馬新發行所❖城邦（馬新）出版集團
　　　　　　Cite (M) Sdn. Bhd.(458372U)
　　　　　　41, Jalan Radin Anum, Bandar Baru Seri Petaling,
　　　　　　57000 Kuala Lumpur, Malaysia
　　　　　　電話：(603)90578822　傳真：(603)90576622
　　　　　　E-mail：services@cite.com.my
輸 出 印 刷❖前進彩藝有限公司
初 版 一 刷❖2020年8月
定　　　價❖620元　（如有缺頁或破損請寄回更換）

골목길 자본론
Copyright © 2017 by Jongryn Mo
All rights reserved.
Originally published in Korea in 2017 by Dasan Books. Co., Ltd
Complex Chinese edition published in 2020 by Marco Polo Press, A Division of Cité Publishing Ltd. under the license from Dasan Books. Co., Ltd. through Power of Content Ltd.

國家圖書館出版品預行編目資料

巷弄經濟學 / 牟鍾璘（모종린）著；曾晏詩譯. --
初版. -- 臺北市：馬可孛羅文化出版：家庭傳媒
城邦分公司發行, 2020.08
　　面；　公分
譯自：골목길 자본론
ISBN 978-986-5509-33-0(平裝)

1. 商業地理 2. 商業區 3. 商業管理

491　　　　　　　　　　　　　　　109009327

城邦讀書花園
www.cite.com.tw

ISBN：978-986-5509-33-0（平裝）